もくじ

東京書籍版　理科 **1**年

JN096321

テストの範囲や
学習予定日を
かこう！

学習計画	
出題範囲	学習予定日
5/14	5/10
テストの日	5/11

第1章　生物の観察と分類のしかた
第2章　植物の分類(1)

満点★ミッション

テストに出る！　ココが要点
解答 p.1

① 身近な生物の観察と分類
数 p.16〜p.26

1　身近な生物の観察

(1)　スケッチのしかた　スケッチをした日付や場所とともに，よくけずった鉛筆を使い，細い<u>線</u>や小さい<u>点</u>で観察対象だけをはっきりかく。輪郭の線を重ねてかいたり，ぬりつぶしたりしない。<u>大きさ</u>も測定して，かいておく。

(2)　ルーペの使い方　ルーペを<u>目</u>の近くに持ち，<u>観察するもの</u>を前後に動かして観察する。観察するものが動かせないときは，<u>顔</u>を前後に動かして観察する。

(3)　顕微鏡の使い方

顕微鏡の倍率＝ (① 　　　　) の倍率× (② 　　　　) の倍率

ポイント

顕微鏡は，ステージ上下式と鏡筒上下式がある。

①<u>接眼レンズ</u>
図1の⑦。

②<u>対物レンズ</u>
図1の⑨。いちばん低倍率のものから使う。

ミス注意！

図1の❹で，真横から見ながらプレパラートと⑨を近づけるのは，⑨とプレパラートがぶつかるのをさけるためである。

図1
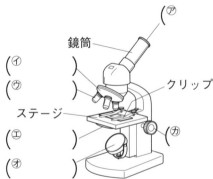
鏡筒
クリップ
ステージ
(⑦)
(⑦)
(⑨)
(⑤)
(⑦)
(⑩)

❶⑨をいちばん低倍率のものにする。
❷⑦をのぞきながら，⑦を調節して明るくする。
❸プレパラートをステージにのせる。
❹真横から見ながら，⑩を回し，プレパラートと⑨を近づける。
❺⑦をのぞいて，プレパラートと⑨を遠ざけながら，ピントを合わせる。
❻観察したいものが視野の中心にくるようにする。

2　生物の分類

(1)　分類のしかた　生物の特徴から共通点や相違点を比べてグループに分け，(③ 　　　　) する。

③<u>分類</u>
生物の生息環境，からだの形や大きさ，活動が活発になる季節やふえ方などのさまざまな特徴にもとづき，グループに分ける。

図2
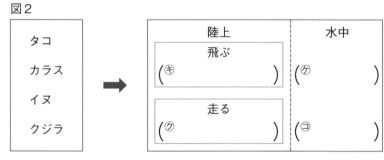

	陸上	水中
タコ カラス イヌ クジラ	**飛ぶ** (⊕)	(⑦)
	走る (⑦)	(□)

② 植物の分類

[教] p.28〜p.35

1 果実をつくる花のつくり

(1) 花のつくり 外側から順に，(④　　　　)，(⑤　　　　)，(⑥　　　　)，(⑦　　　　)となっている。

図3

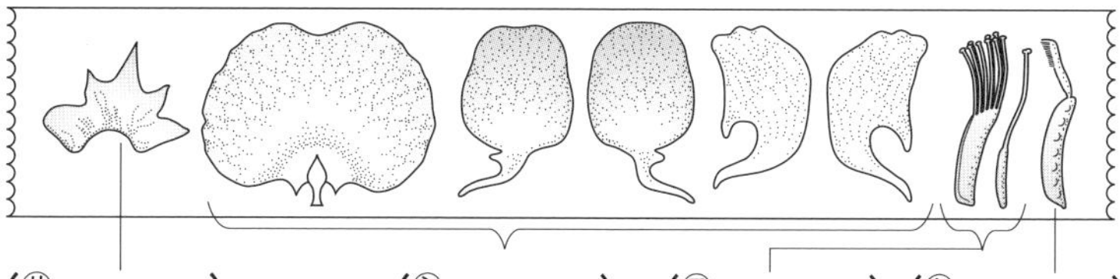

(㋚　　　　) (㋛　　　　) (㋜　　　　) (㋝　　　　)

(2) 花のはたらき おしべのやくの中の花粉がめしべの柱頭(ちゅうとう)につくことを(⑧　　　　)という。これが起こると，子房が成長して(⑨　　　　)に，胚珠は(⑩　　　　)になる。

図4

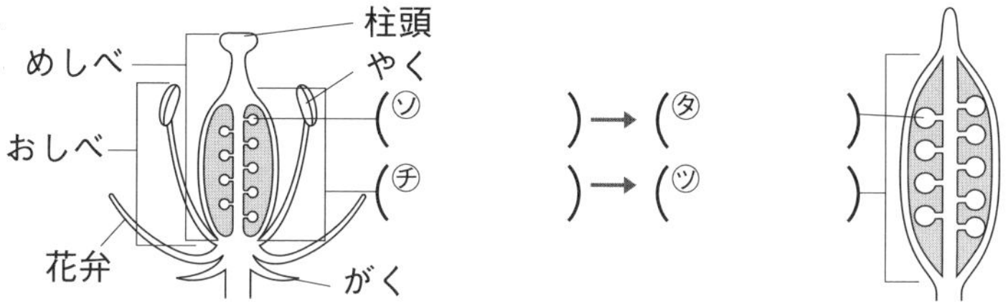
柱頭
めしべ
やく
おしべ
花弁
がく
(㋞　　　　)→(㋟　　　　)
(㋠　　　　)→(㋡　　　　)

(3) (⑪　　　　) 種子(しゅし)をつくる植物のなかま。

2 裸子植物(らししょくぶつ)と被子植物(ひししょくぶつ)

(1) マツの花のつくり マツの花には，雌花(めばな)と雄花(おばな)がある。

図5

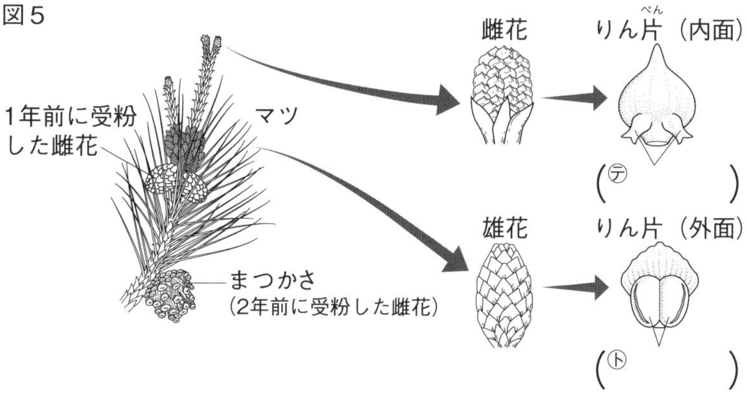
雌花
りん片（内面）
1年前に受粉した雌花
マツ
(㋢　　　　)
雄花
りん片（外面）
まつかさ
(2年前に受粉した雌花)
(㋣　　　　)

(2) 種子をつくる植物の分類

- (⑫　　　　)…マツのように，胚珠がむき出しになっている植物。
- (⑬　　　　)…アブラナやサクラのように，胚珠が子房の中にある植物。

満点★ミッション

④がく
図3の㋚。花弁(かべん)の外側にある。

⑤花弁
図3の㋛。

⑥おしべ
図3の㋜。先端(せんたん)のやくの中には花粉が入っている。

⑦めしべ
図3の㋝。先端の柱頭はべたべたしていて，花粉がつきやすくなっている。

⑧受粉(じゅふん)
花粉がめしべの柱頭につくこと。

⑨果実
図4の㋡。

⑩種子
図4の㋟。

⑪種子植物(しゅししょくぶつ)
種子をつくる植物のなかま。

⑫裸子植物
胚珠がむき出しになっている植物のなかま。

⑬被子植物
胚珠が子房の中にある植物のなかま。

テストに出る！
予想問題

第1章　生物の観察と分類のしかた－①
第2章　植物の分類(1)－①

🕐 30分

/100点

1 右の図の生物カードについて，次の問いに答えなさい。

4点×2〔8点〕

(1) 右の図の生物カードに書き加えるとよいことは何か。次のア～エからすべて選び，記号で答えなさい。

（　　　　　　　）

ア　スケッチした日の日付　　イ　スケッチした場所
ウ　スケッチした日の服そう　エ　スケッチした日の気分

(2) 屋外でスケッチをする場合，観察対象が小さいときに用いるとよい道具は何か。　　（　　　　　　　）

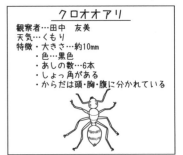

クロオオアリ
観察者…田中　友美
天気…くもり
特徴・大きさ…約10mm
　・色…黒色
　・あしの数…6本
　・しょっ角がある
　・からだは頭・胸・腹に分かれている

よく出る **2** 右の図のステージ上下式顕微鏡について，次の問いに答えなさい。

4点×9〔36点〕

(1) 図の㋐～㋤の部分をそれぞれ何というか。
㋐（　　　　　　　）㋑（　　　　　　　）
㋒（　　　　　　　）㋤（　　　　　　　）

(2) 次のア～エの文は，顕微鏡の使い方を説明したものである。ア～エを正しい順に並べなさい。

（　　　→　　　→　　　→　　　）

ア　㋑をのぞき，調節ねじを回し，プレパラートと㋒を遠ざけながら，ピントを合わせる。

イ　プレパラートをステージにのせる。

ウ　㋑をのぞきながら，㋤を調節して，明るく見えるようにする。

エ　真横から見ながら，調節ねじを回して，プレパラートと㋒をできるだけ近づける。

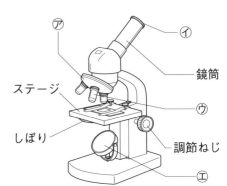

鏡筒
ステージ
㋒
しぼり
調節ねじ
㋤

📝記述 (3) (2)のエのように，真横から見ながら操作を行うのはなぜか。

（　　　　　　　　　　　　　　　　　　　　　　　　　　　）

(4) 顕微鏡の㋑には15倍，㋒には10倍のレンズを使った。このときの顕微鏡の倍率は，何倍になるか。　　（　　　　　　　）

(5) プレパラートのつくり方として正しいものを，次のア～エから選びなさい。　（　　　）

ア　試料をのせたスライドガラスの上に別のスライドガラスを重ねる。

イ　試料をのせたカバーガラスの上に別のカバーガラスを重ねる。

ウ　試料をのせたスライドガラスの上にカバーガラスをかぶせる。

エ　試料をのせたカバーガラスの上にスライドガラスをかぶせる。

📝記述 (6) (5)のようにしてプレパラートをつくるとき，上にかぶせるガラスはピンセットを用いて，はしからゆっくりと下げる。その理由を簡単に答えなさい。

（　　　　　　　　　　　　　　　　　　　　　　　　　　　）

よく出る **3** 右の図は，アブラナの花のつくりを模式的に表したものである。次の問いに答えなさい。 2点×14〔28点〕

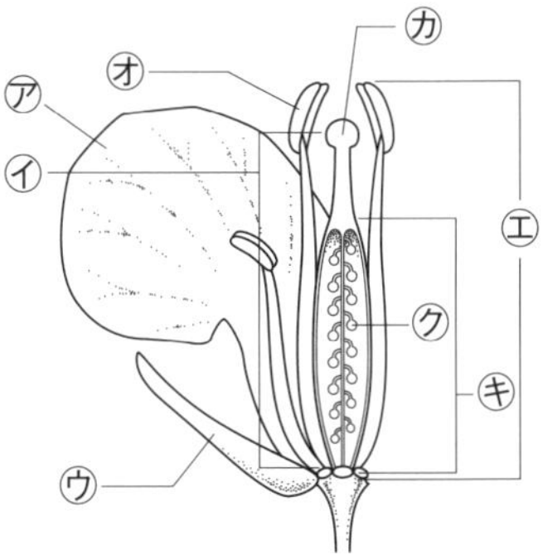

(1) 図の㋐～㋗のつくりを何というか。

㋐(　　　　) ㋑(　　　　)
㋒(　　　　) ㋓(　　　　)
㋔(　　　　) ㋕(　　　　)
㋖(　　　　) ㋗(　　　　)

(2) アブラナの花のつくりを外側から内側へ向かって並べると，どのような順になるか。㋐～㋓を並べなさい。

(　　→　　→　　→　　)

(3) 花粉が入っているのは，㋐～㋗のどの部分か。 (　　)

(4) 花粉が㋕につくことを何というか。 (　　　　)

(5) (4)が起こると，㋖，㋗の部分はそれぞれ何になるか。 ㋖(　　　　)
㋗(　　　　)

(6) ㋗の部分が㋖の部分の中にある植物を何というか。 (　　　　)

よく出る **4** 下の図は，マツの花のつくりを模式的に示したものである。これについて，あとの問いに答えなさい。 4点×7〔28点〕

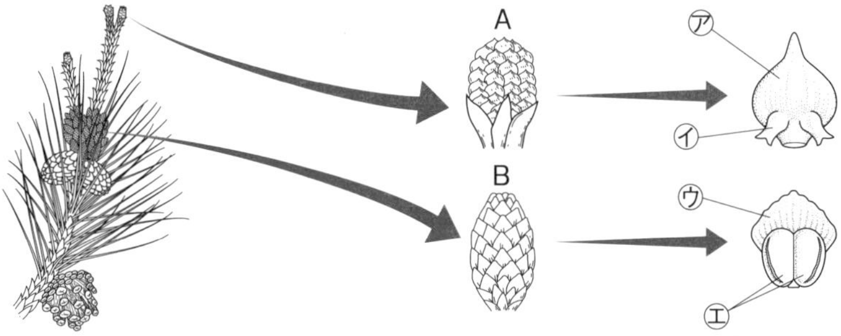

(1) 図のA，Bの花をそれぞれ何というか。 A(　　　　)
B(　　　　)

(2) 中に花粉が入っている部分を，図の㋐～㋓から選びなさい。 (　　)

(3) 受粉後，種子になる部分を，図の㋐～㋓から選びなさい。 (　　)

(4) マツのように，図の㋑の部分がむき出しになっている植物を何というか。

(　　　　)

(5) 次の**ア**～**エ**のうち，(4)の植物のなかまはどれか。記号で答えなさい。 (　　)

ア アブラナ　**イ** サクラ　**ウ** スギ　**エ** ツツジ

(6) マツやアブラナのように，花をさかせて種子をつくる植物を何というか。

(　　　　)

解答 p.2

テストに出る！

予想問題　第１章　生物の観察と分類のしかた－②　第２章　植物の分類(1)－②

30分

/100点

1 右の図１のようなルーペを用いて，図２のように野外からとってきたタンポポの花を観察した。これについて，次の問いに答えなさい。　4点×4〔16点〕

図１

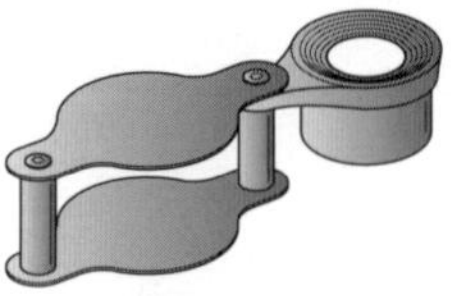

図２

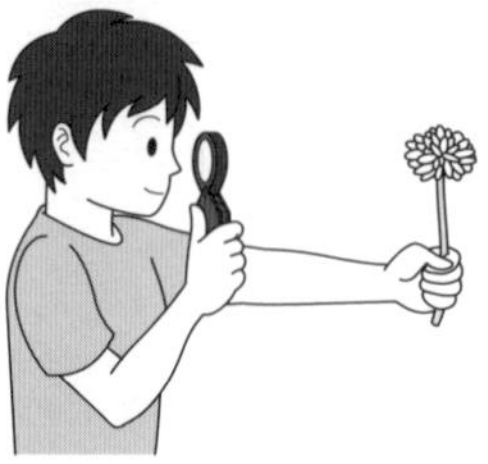

図３

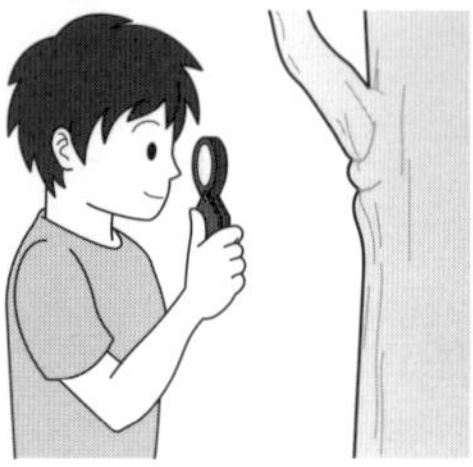

(1) 図２のとき，ルーペのピントの合わせ方として正しいものを，次の**ア**～**ウ**から選びなさい。　(　　)

ア　顔を前後に動かしてピントを合わせる。

イ　花を前後に動かしてピントを合わせる。

ウ　ルーペを前後に動かしてピントを合わせる。

(2) 図３のとき，ルーペのピントの合わせ方として正しいものを，(1)の**ア**～**ウ**から選びなさい。　(　　)

(3) スケッチのしかたとして正しいものを，次の**ア**～**エ**から２つ選びなさい。　(　　)(　　)

ア　目的とするものだけを対象に，正確にかく。

イ　ルーペで観察したときは，まるい視野をかく。

ウ　よくけずった鉛筆を使って，細い線・小さい点でかく。

エ　ぬりつぶしたり，重ねがきをしたりして立体的にかく。

よく出る

2 右の図の双眼実体顕微鏡について，次の問いに答えなさい。　4点×7〔28点〕

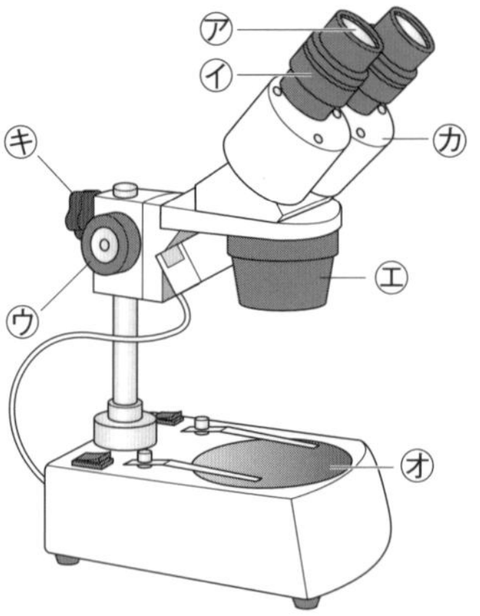

(1) 図の㋐，㋑，㋓，㋕の部分の名称をそれぞれ答えなさい。

㋐(　　　　　　)

㋑(　　　　　　)

㋓(　　　　　　)

㋕(　　　　　　)

(2) 次の①，②を行うとき，最初に図の㋐～㋖のどの部分を操作すればよいか。それぞれ記号で答えなさい。

①　左右の視野が重なって１つに見えるようにする。　(　　)

②　およそのピントを合わせる。　(　　)

(3) 双眼実体顕微鏡を使うとき，次のような便利さがある。(　)にあてはまる言葉を答えなさい。　(　　　　)

> 双眼実体顕微鏡は，観察しながら見ているものを操作することができる。また，観察するものを(　)的に見ることができる。

3 フジやサクラの花を観察した。図1は，フジの花を分解して，外側から順に工作用紙にはりつけたもの，図2はサクラの花の断面を表したものである。あとの問いに答えなさい。

3点×12〔36点〕

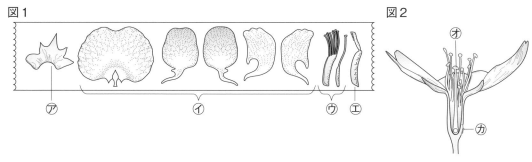

図1　　　　　　　　　　　　　　　　　　　　　　　　　　　図2

(1)　図1の㋐〜㋓のつくりを，それぞれ何というか。

㋐(　　　　　　　)　㋑(　　　　　　　)

㋒(　　　　　　　)　㋓(　　　　　　　)

(2)　先端に花粉が入っているのは，㋐〜㋓のどの部分か。　　　(　　　　　)

(3)　(2)の先端の部分を何というか。　　　(　　　　　)

(4)　中に胚珠という小さな粒が入っているのは，㋐〜㋓のどの部分か。　(　　　　　)

(5)　図2の㋔の先端のつくりを何というか。　　　(　　　　　)

(6)　図2の㋔に花粉がつくことを何というか。　　　(　　　　　)

(7)　図2の㋕のふくらんだつくりを何というか。　　　(　　　　　)

(8)　(6)が起こった後，胚珠と(7)の部分は，それぞれ何になるか。

胚珠(　　　　　　　)　(7)の部分(　　　　　　　)

4 右の図は，マツの雄花，雌花と，それぞれのりん片を拡大したものである。これについて，次の問いに答えなさい。

4点×5〔20点〕

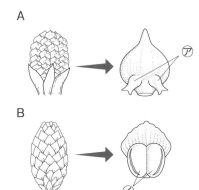

(1)　図のA，Bのうち，雌花はどちらか。(　　　)

(2)　図の㋐，㋑のつくりを，それぞれ何というか。

㋐(　　　　　　)

㋑(　　　　　　)

(3)　マツの花のつくりについて正しいものを，次のア〜エから選びなさい。　　(　　　)

ア　子房があり，果実をつくる。

イ　がくがあり，花の内部を守っている。

ウ　子房はなく，果実をつくらない。

エ　花弁があり，花の内部を守っている。

(4)　マツのように，図の㋐の部分がむき出しになっている植物を何というか。

(　　　　　　　)

第２章　植物の分類(2)

テストに出る！ ココが要点　解答 p.2

① 種子植物の分類　[教] p.35〜p.37

1 種子植物の分類

(1)　種子植物の共通点　花をさかせて種子をつくる。

(2)　植物の葉　葉には(①　　　　　)というすじが見える。

(3)　被子植物の子葉と葉脈のちがい

- (②　　　　　)…子葉が1枚である植物。葉脈は平行になっている。　[例]イネ，ユリ
- (③　　　　　)…子葉が2枚である植物。葉脈は網目状(あみめじょう)になっている。　[例]アブラナ，ヒマワリ

(4)　被子植物の根のつくりのちがい

- (④　　　　　)…単子葉類に見られる，多くの細い根。
- (⑤　　　　　)…双子葉類に見られる，中央の太い根。
- (⑥　　　　　)…双子葉類に見られる，⑤から広がるようにのびている根。

図１

	葉脈	根のようす	子葉
単子葉類	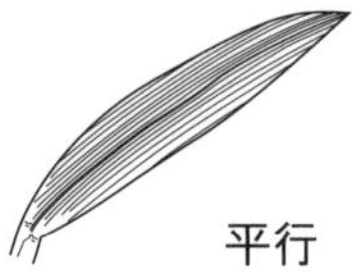 平行	 ひげ根	1枚 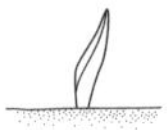
双子葉類	 網目状	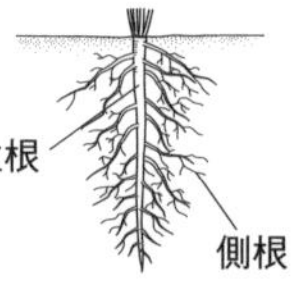 主根　側根	2枚 

② 種子をつくらない植物，植物の分類　[教] p.38〜p.44

1 種子をつくらない植物

(1)　シダ植物　花をさかせることはないが，種子植物と同じように葉・茎・根の区別がある植物。種子ではなく，葉の裏側にある(⑦　　　　　)に入った小さな(⑧　　　　　)でふえる。
[例]スギナ，イヌワラビ

満点ミッション

①葉脈(ようみゃく)
葉に見えるすじ。

②単子葉類(たんしようるい)
子葉が１枚である植物。葉脈は平行である。

③双子葉類(そうしようるい)
子葉が２枚である植物。葉脈は網目状である。

④ひげ根
単子葉類に見られる多くの細い根。

⑤主根(しゅこん)
双子葉類に見られる太い根。

⑥側根(そっこん)
双子葉類に見られる主根からのびる根。

⑦胞子のう(ほうし)
イヌワラビなどの葉の裏側にたくさんあり，胞子が入っている。

⑧胞子
シダ植物がつくる，なかまをふやすためのもの。

ココが要点の答えになります。

図2 ● イヌワラビ ●

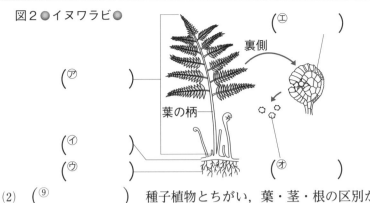

（エ　　　　　）
裏側
（ア　　　　　）
葉の柄
（イ　　　　　）
（ウ　　　　　）
（オ　　　　　）

満点 ★ ミッション

(2) （⑨　　　　　　　）種子植物とちがい，葉・茎・根の区別がない植物。（⑩　　　　　）は，土や岩にからだを固定させるためのものである。シダ植物のように胞子のうにある胞子でふえる。

例 ゼニゴケ

図3 ● ゼニゴケ ●

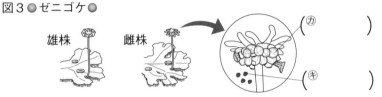

雄株　　雌株
（カ　　　　　　）
（キ　　　　　　）

⑨ コケ植物
種子をつくらない植物の中で，葉・茎・根の区別がない植物。
⑩ 仮根（かこん）
コケ植物の，根のように見える部分。

仮根は，根のように見えるけど，水分の吸収は行わないよ。

② 植物の分類

図4

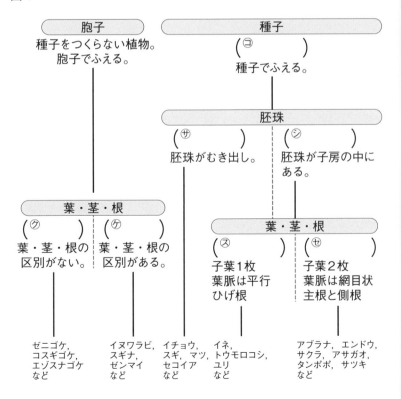

胞子
種子をつくらない植物。胞子でふえる。

種子
（コ　　　　　　）
種子でふえる。

胚珠
（サ　　　　　　）
胚珠がむき出し。
（シ　　　　　　）
胚珠が子房の中にある。

葉・茎・根
（ク　　　　）（ケ　　　　）
葉・茎・根の区別がない。｜葉・茎・根の区別がある。

葉・茎・根
（ス　　　　）（セ　　　　）
子葉1枚
葉脈は平行
ひげ根
子葉2枚
葉脈は網目状
主根と側根

ゼニゴケ，コスギゴケ，エゾスナゴケなど

イヌワラビ，スギナ，ゼンマイなど

イチョウ，スギ，マツ，セコイアなど

イネ，トウモロコシ，ユリなど

アブラナ，エンドウ，サクラ，アサガオ，タンポポ，サツキなど

ミス注意！
それぞれの植物の特徴によって，グループ分けができるようにしておこう。

9

テストに出る！

予想問題　第2章　植物の分類(2)

🕐 30分

/100点

1 右の図はアサガオとユリの芽生えのようす，葉のようす，根をスケッチしたものである。これについて，次の問いに答えなさい。　　3点×9〔27点〕

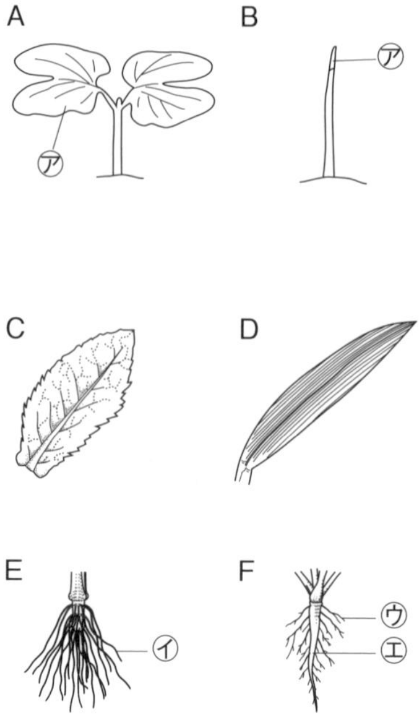

(1) 図の⑦を何というか。　　（　　　　　　　）

(2) 図のAのように，⑦が2枚の被子植物のなかまを何というか。　　（　　　　　　　）

(3) 図のBのように，⑦が1枚の被子植物のなかまを何というか。　　（　　　　　　　）

(4) 図の⑦，⑦，⑤の根をそれぞれ何というか。
　　⑦（　　　　　　　）　⑦（　　　　　　　）
　　⑤（　　　　　　　）

(5) 図のC，Dの葉に見られるすじを何というか。
　　　　　　　　　　（　　　　　　　）

(6) アサガオの芽生え，葉，根のようすとして適当なものを，図のA〜Fからすべて選びなさい。
　　　　　　　　　　（　　　　　　　）

(7) 次のア〜エのうち，ユリと同じなかまに分けられるものをすべて選びなさい。　（　　　　　　　）
　ア　タンポポ　　イ　トウモロコシ　　ウ　エンドウ　　エ　イネ

A　　　　　　　　B

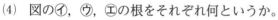

C　　　　　　　　D

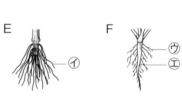

E　　　　　　　　F

よく出る **2** 右の図は，イヌワラビのからだのつくりを示したものである。これについて，次の問いに答えなさい。　　5点×6〔30点〕

(1) イヌワラビは，何という植物のなかまか。
　　　　　　　　　　（　　　　　　　）

(2) イヌワラビの茎はどれか。図のA〜Dから選びなさい。　　　　　　　　　（　　　）

(3) イヌワラビは何によってなかまをふやすか。
　　　　　　　　　　（　　　　　　　）

(4) (3)が入っている部分はどこにあるか。図のA〜Dから選びなさい。　　　　　（　　　）

(5) (4)の部分を何というか。　　（　　　　　　　）

(6) イヌワラビのなかまとして正しいものを，次のア〜エから選びなさい。　　（　　　）
　ア　ゼニゴケ　　イ　スギナ
　ウ　スギ　　　　エ　スズメノカタビラ

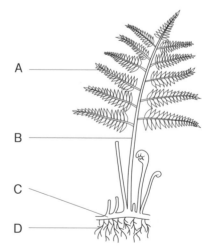

A

B

C

D

3 右の図は，ゼニゴケのからだのつくりを示したものである。これについて，次の問いに答えなさい。
3点×6〔18点〕

⑴ ゼニゴケは，何という植物のなかまか。 (　　　　　)

⑵ 右の図で，雄株はA，Bのどちらか。 (　　)

⑶ 図の㋐を何というか。また，㋐の中に入っている㋑を何というか。

㋐(　　　　　)

㋑(　　　　　)

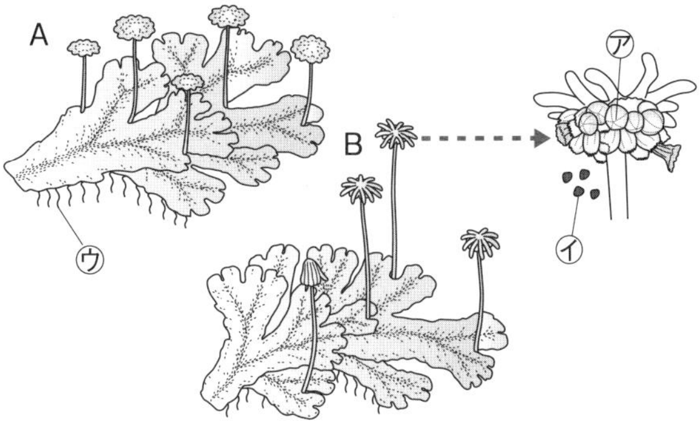

⑷ 根のように見える㋒の部分を何というか。 (　　　　　)

[記述] ⑸ ⑷は，どのようなはたらきをしているか。
(　　　　　　　　　　　　　　　　　　　　　　　　　)

[よく出る] **4** 右の図のように，A〜Cの特徴によって植物を分類した。これについて，次の問いに答えなさい。
5点×5〔25点〕

⑴ 図のBの特徴の(　)にあてはまる言葉を書きなさい。 (　　　　　)

⑵ 図の③にあてはまる植物のなかまを何というか。 (　　　　　)

⑶ 図の②のからだのつくりとして適当なものを，次の**ア**〜**エ**からすべて選びなさい。 (　　　　　)

ア　ひげ根をもつ。

イ　主根と側根からなる根をもつ。

ウ　葉脈は平行である。

エ　葉脈は網目状である。

⑷ 図の①にあてはまる植物を，次の**ア**〜**オ**からすべて選びなさい。 (　　　　　)

ア　タンポポ　　**イ**　イチョウ

ウ　サクラ　　**エ**　イヌワラビ

オ　ユリ

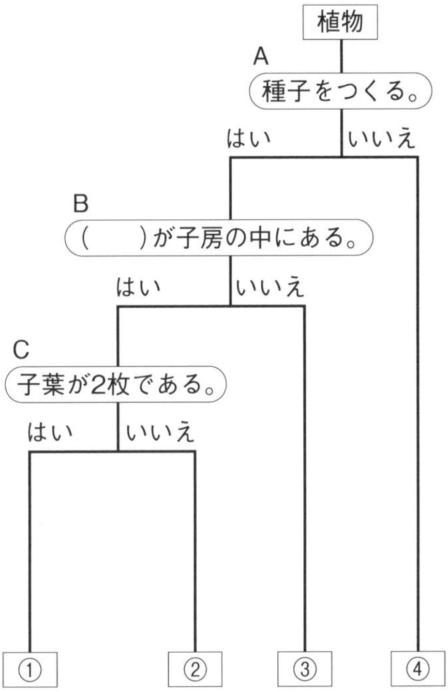

[記述] ⑸ 図の④にあてはまる植物は，さらにスギナ，ゼンマイなどのグループ[あ]と，ゼニゴケ，エゾスナゴケなどのグループ[い]に分けることができる。④にあてはまる植物をグループ[あ]とグループ[い]に分類するときの基準を，「葉・茎・根」という言葉を使って書きなさい。
(　　　　　　　　　　　　　　　　　　　　　　　　　)

第3章　動物の分類

①セキツイ動物

動物のうち，背骨を
もつグループ。

②無セキツイ動物

動物のうち，背骨を
もたないグループ。

ポイント

水中で生活する動物
は，移動のためのつ
くりとして，ひれを
もつ。陸上で生活す
る動物の多くは，か
らだを支えるための
あしをもつ。

③えら

水中で生活するメダ
カなどの動物が呼吸
するのに使うつくり。

④肺

陸上で生活するヒト
などの動物が呼吸す
るのに使うつくり。

⑤卵生（らんせい）

親が卵をうみ，卵か
ら子がかえるうまれ
方。

⑥胎生（たいせい）

母親の体内である程
度育った子がうまれ
るうまれ方。

テストに出る！ ココが要点　　解答 p.3

① 身近な動物の分類　　教 p.46〜p.49

1 動物のからだのつくり

(1) （①　　　　　）…背骨(セキツイ骨)の**ある**動物のグループ。

　　　例カタクチイワシ，ネズミ

(2) （②　　　　　）…背骨(セキツイ骨)の**ない**動物のグループ。

　　　例イカ，エビ

② セキツイ動物（どうぶつ）　　教 p.50〜p.53

1 セキツイ動物の分類

(1) **からだのつくり**　水中で生活するセキツイ動物は，泳ぐのに適
した体形と体表をしている。陸上で生活するセキツイ動物は，乾（かん）
燥（そう）に強い**うろこ**や羽毛，毛などをもつ。

(2) **呼吸のしかた**

● （③　　　　　）…メダカ，サケなどの水中で生活する動物が
　　　　　　　　　呼吸をするためのつくり。

● （④　　　　　）…ヒト，ツル，ヘビなどの陸上で生活する動
　　　　　　　　　物が呼吸をするためのつくり。

(3) **子のうまれ方**

● （⑤　　　　　）…親がうんだ**卵**から子がかえるうまれ方。

● （⑥　　　　　）…母親の体内である程度育ってから子がうま
　　　　　　　　　れるうまれ方。

(4) **セキツイ動物の分類**

● **魚類**…水中で生活し，えらで呼吸する。　例サケ，メダカ

● **両生類**…幼生は水中，成体は陸上で生活する。

　　　　例カエル，イモリ

● **ハチュウ類**…卵からうまれて肺で呼吸し，体表はうろこでおお
　　　　　　　われている。　例ヘビ，カメ

● **鳥類**…卵からうまれて肺で呼吸し，体表は羽毛でおおわれてい
　　　　る。　例ワシ，ツル，ペンギン

● **ホニュウ類**…母親から子がうまれて肺で呼吸する。

　　　　例ヒト，サル

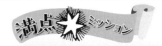

	生活場所	呼吸のためのつくり	子のうまれ方	体表
(㋐)	水中	えら	卵生（殻がない）	うろこ
(㋑)	水中／陸上	えらと皮膚／肺と皮膚	卵生（殻がない）	しめった皮膚
(㋒)	陸上	肺	卵生（殻がある）	うろこ
(㋓)	陸上	肺	卵生（殻がある）	羽毛
(㋔)	陸上	肺	胎生	毛

3 無セキツイ動物，動物の分類

[教] p.54〜p.59

1 無セキツイ動物の特徴

(1) 無セキツイ動物の分類

- (⑦)…からだやあしに節がない。筋肉でできた**外とう膜**で内臓の部分が包まれている。外とう膜をおおう貝殻をもつものもいる。
  [例]タコ，イカ，アサリ
- (⑧)…からだやあしに節がある。からだを支えたり，保護したりする役割をもつ**外骨格**という殻でおおわれている。
- (⑨)…節足動物のうち，主にからだが**頭胸部**・**腹部**の２つ，または**頭部**・**胸部**・**腹部**の３つに分かれており，昆虫類よりも多くのあしをもち，生活場所が水中であるものも多く，えらや皮膚などで呼吸するグループ。
  [例]カニ，ザリガニ
- (⑩)…節足動物のうち，からだが**頭部**・**胸部**・**腹部**の３つに分かれており，胸部に３対のあしがあるグループ。胸部や腹部にある気門から空気をとりこむことで呼吸をする。
  [例]バッタ，カブトムシ
- その他の無セキツイ動物
  …ヒトデやウニなど，軟体動物，節足動物に入らないさまざまなグループ。

満点ミッション

⑦**軟体動物**
内臓の部分が外とう膜に包まれていて，からだやあしに節がないグループ。

⑧**節足動物**
外骨格という殻におおわれていて，からだやあしには節があるグループ。

⑨**甲殻類**
節足動物のうち，あしの数が昆虫類より多く，からだは頭胸部と腹部，あるいは頭部・胸部・腹部に分かれているグループ。

⑩**昆虫類**
節足動物のうち，からだが頭部・胸部・腹部に分かれていて，胸部に３対(６本)のあしがあるグループ。

テストに出る！

予想問題

第3章　動物の分類

⏱ 30分

/100点

🔍よく出る ① 下の図のA〜Eは，背骨のある動物を表したものである。これについて，あとの問いに答えなさい。

3点×16〔48点〕

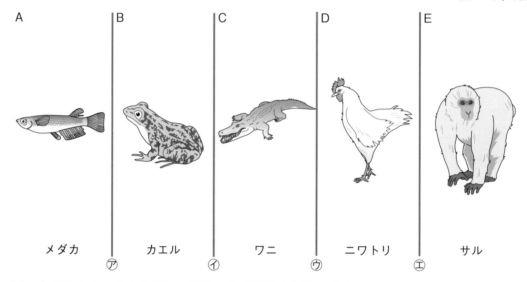

A　　　　　　　B　　　　　　　C　　　　　　　D　　　　　　　E

メダカ　　　　　カエル　　　　　ワニ　　　　　ニワトリ　　　　　サル
　　　　㋐　　　　　　　㋑　　　　　　　㋒　　　　　　　㋓

(1)　上の図のA〜Eのように，背骨のある動物を何というか。

（　　　　　　　　　　　）

(2)　次の①〜③のような特徴をもつ動物を，A〜Eから選びなさい。

①　一生，水中で生活し，えらで呼吸する。　　　　　　　　　（　　　）

②　体の表面がうすい皮膚でおおわれ，しめっている。　　　　（　　　）

③　体の表面が羽毛でおおわれている。　　　　　　　　　　　（　　　）

(3)　子のうまれ方でA〜Eを2つのグループに分けるとき，区切りはどこになるか。㋐〜㋓から選びなさい。また，AをふくむグループとAをふくまないグループの子のうまれ方を，それぞれ何というか。

区切り（　　　　）

Aをふくむグループの子のうまれ方（　　　　　　　）

Aをふくまないグループの子のうまれ方（　　　　　　　）

(4)　A〜Eの動物のなかまをそれぞれ何類というか。

A（　　　　　　　）　　B（　　　　　　　）

C（　　　　　　　）　　D（　　　　　　　）

E（　　　　　　　）

(5)　次の①〜④の動物は，A〜Eの中のどの動物と同じなかまか。それぞれ記号で答えなさい。

①　イモリ　（　　　）　　　②　ネズミ　（　　　）

③　カメ　　（　　　）　　　④　ツル　　（　　　）

よく出る **2** 下の図１はイカ，図２はカブトムシ，図３はカニのからだのつくりを表したものである。これについて，あとの問いに答えなさい。 4点×13〔52点〕

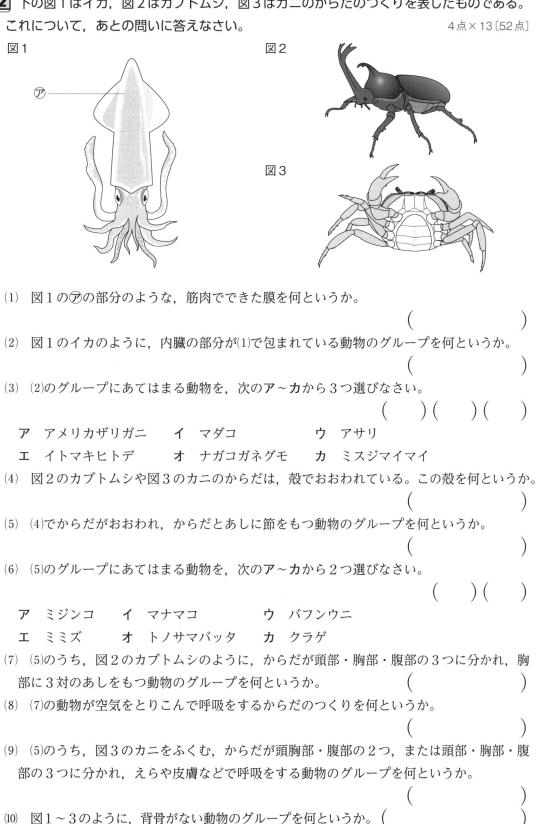

図１

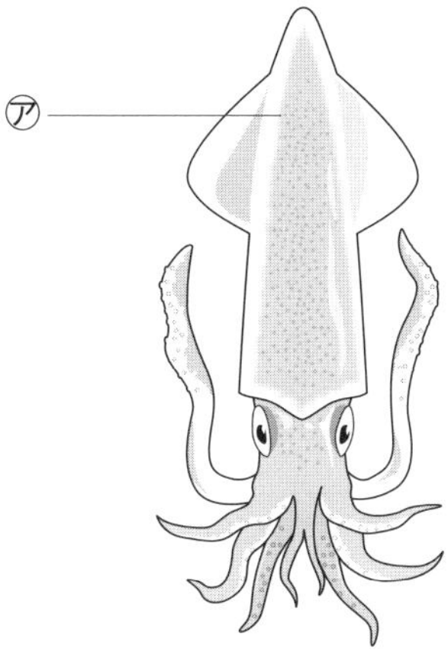

図２

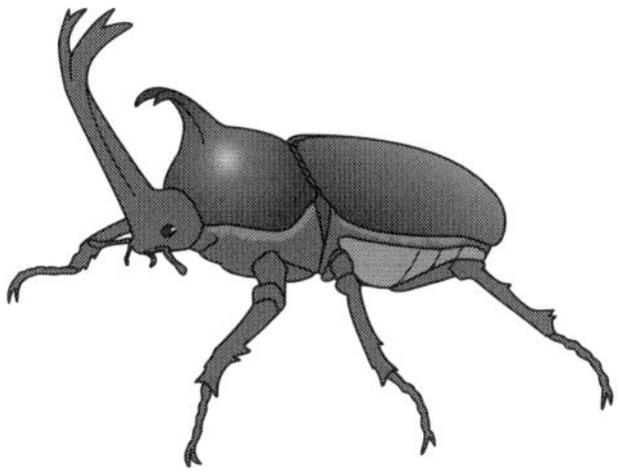

図３

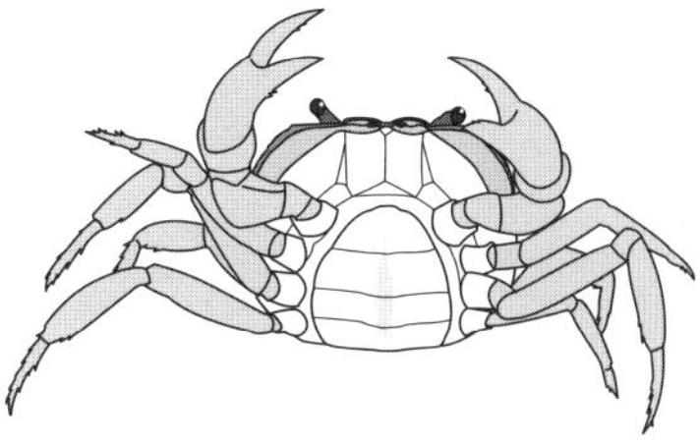

⑴ 図１の㋐の部分のような，筋肉でできた膜を何というか。
( )

⑵ 図１のイカのように，内臓の部分が⑴で包まれている動物のグループを何というか。
( )

⑶ ⑵のグループにあてはまる動物を，次の**ア**～**カ**から３つ選びなさい。
( )( )( )

ア アメリカザリガニ　**イ** マダコ　**ウ** アサリ
エ イトマキヒトデ　**オ** ナガコガネグモ　**カ** ミスジマイマイ

⑷ 図２のカブトムシや図３のカニのからだは，殻でおおわれている。この殻を何というか。
( )

⑸ ⑷でからだがおおわれ，からだとあしに節をもつ動物のグループを何というか。
( )

⑹ ⑸のグループにあてはまる動物を，次の**ア**～**カ**から２つ選びなさい。
( )( )

ア ミジンコ　**イ** マナマコ　**ウ** バフンウニ
エ ミミズ　**オ** トノサマバッタ　**カ** クラゲ

⑺ ⑸のうち，図２のカブトムシのように，からだが頭部・胸部・腹部の３つに分かれ，胸部に３対のあしをもつ動物のグループを何というか。( )

⑻ ⑺の動物が空気をとりこんで呼吸をするからだのつくりを何というか。
( )

⑼ ⑸のうち，図３のカニをふくむ，からだが頭胸部・腹部の２つ，または頭部・胸部・腹部の３つに分かれ，えらや皮膚などで呼吸をする動物のグループを何というか。
( )

⑽ 図１～３のように，背骨がない動物のグループを何というか。( )

単元2 身のまわりの物質

第1章　身のまわりの物質とその性質

満点★ミッション

①<u>物体</u>
外観に注目したときの物。

②<u>物質</u>
材料に注目したときの物。

③<u>金属光沢</u>（きんぞくこうたく）
金属をみがいたときに見られる，特有のかがやきのこと。

④<u>非金属</u>
金属以外の物質のこと。

ミス注意！
磁石につくことは，全ての金属に共通した性質ではない。

⑤<u>質量</u>
物質そのものの量。

⑥<u>密度</u>
単位体積あたりの質量のこと。物質によってちがう。

テストに出る！ ココが要点
解答 p.4

① 身のまわりの物質とその性質
教 p.76〜p.91

1 物の調べ方

(1) 物体（ぶったい）と物質（ぶっしつ）

- （① 　　　　　）…外観に注目したときの物。
  例コップ，フライパンなど。
- （② 　　　　　）…形づくっている<u>材料</u>に注目したときの物。
  例ガラス，プラスチック，鉄など。

(2) 物質の見分け方

- 手ざわりやにおいなどのちがいを調べる。
- <u>電気</u>を通すか，<u>磁石</u>につくかどうかを調べる。
- 上皿てんびんや電子てんびん，メスシリンダーなどで質量や体積をはかる。
- 水に入れたときのようすを調べる。
- 熱したときのようすを調べる。
- リトマス紙や薬品を使って調べる。

2 金属と非金属（ひきんぞく）

(1) 金属の性質

- （③ 　　　　　）をもつ。（みがくと光る。）
- <u>電気</u>をよく通す。
- <u>熱</u>をよく伝える。
- 引っ張ると細くのびる（<u>延性</u>（えんせい））。
- たたくとうすく広がる（<u>展性</u>（てんせい））。
- ※鉄などは磁石につくが，銅やアルミニウムはつかない。

(2) 金属以外の物質　金属に対して，金属以外の物質を（④ 　　　　　）という。

3 さまざまな金属の見分け方

(1) 金属の見分け方

- （⑤ 　　　　　）…上皿てんびんや電子てんびんではかることができる量で，物質そのものの<u>量</u>を表す。
- （⑥ 　　　　　）…物質の，単位体積（ふつう 1 cm³）あたりの<u>質量</u>（しつりょう）。

ココが要点の答えになります。

物質の密度〔g/cm³〕$=\dfrac{\text{物質の質量〔g〕}}{\text{物質の体積〔cm}^3\text{〕}}$

- 物質の体積は，(⑦　　　　　)を用いて測定できる。

(2) 密度とうきしずみ　液体よりも密度が小さい物体を液体に入れると，その物体はうく。液体よりも密度が大きい物体を液体に入れると，その物体はしずむ。物のうきしずみは，液体と液体，気体と気体の間でも起こり，密度の大小が関係する。

- 食用油が水にうくのは，水よりも食用油の方が密度が小さいからである。

図１◎物質の密度◎

固体の密度〔g/cm³〕		液体の密度〔g/cm³〕	
氷(0℃)	0.92	水(4℃)	1.00
気体の密度〔g/cm³〕		エタノール	0.79
水蒸気(100℃)	0.00060	菜種油	0.91～0.92
空気	0.00120	水銀	13.55

※温度が示されていない密度は，約20℃のときの値。

[4] 白い粉末の見分け方

(1) ガスバーナーの使い方

図２

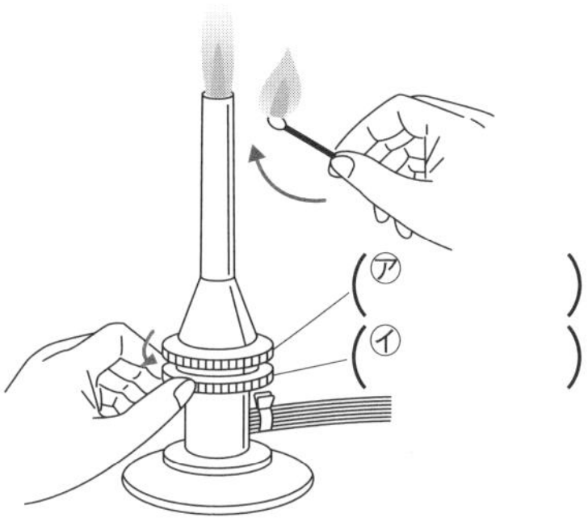

- 最初に，上下２つのねじが閉まっていることを確かめてから，ガスの元栓を開く。
- マッチに火をつけたあと，(⑧　　　　　)を少しずつ開いて点火する。
- ⑧をさらに開いて炎の大きさを調節したあと，⑧をおさえて，(⑨　　　　　)だけを少しずつ開き，青色の安定した炎にする。
- 火を消すときは，まず⑧をおさえて，⑨を閉めたあと，⑧を閉めて火を消し，元栓を閉じる。

(2) 有機物と無機物

- (⑩　　　　)…炭素をふくむ物質。　[例]白砂糖，デンプン
- (⑪　　　　)…有機物以外の物質。　[例]食塩，金属
- 加熱すると燃えて，気体の二酸化炭素が発生するかどうかを調べると，⑩か⑪かを見分けられる。(発生した二酸化炭素を石灰水に通すと，白くにごる)
- 有機物を集気びんの中で燃やすと，発生した水が水滴となって集気びんの内側につく。

満点★ミッション

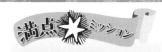

⑦メスシリンダー
体積をはかるときに使う実験器具。液面のいちばん平らなところを，１目盛りの$\frac{1}{10}$まで，目分量で読みとる。

⑧ガス調節ねじ
図２の㋑。ガスの量を調節するときに回す。

⑨空気調節ねじ
図２の㋐。空気の量を調節するときに回す。

ポイント
炎は空気の量が少ないと，赤色～オレンジ色になる。

⑩有機物
炭素をふくみ，炎を出して燃え，二酸化炭素ができる物質。多くの場合，燃えると水もできる。

⑪無機物
有機物以外の物質。

テストに出る！

予想問題　第1章　身のまわりの物質とその性質

⏱30分

/100点

1 下のア〜エの物質の性質をいろいろな方法で調べた。これについて，あとの問いに答えなさい。

4点×5〔20点〕

ア　鉄　　イ　ガラス　　ウ　アルミニウム　　エ　プラスチック

(1) フライパンのように，外観に注目したときの物を何というか。（　　　　　　）

(2) 右の図のような方法で電気を通すかどうか調べたとき，電気を通す物はどれか。上の**ア〜エ**からすべて選び，記号で答えなさい。（　　　　　　）

(3) 磁石につくものはどれか。上の**ア〜エ**から選び，記号で答えなさい。（　　　　　　）

(4) 金属はどれか。上の**ア〜エ**からすべて選び，記号で答えなさい。（　　　　　　）

(5) 金属以外の物質を何というか。（　　　　　　）

調べる物

2 右の表は，いろいろな物質の密度を示したものである。これについて，次の問いに答えなさい。ただし，温度が示されていない物質の密度は，約20℃のときの値であるものとする。

5点×8〔40点〕

(1) 体積が20cm³で質量が54gの物質がある。この物質の密度は何g/cm³か。また，この物質は何だと考えられるか。表の物質から選びなさい。　密度（　　　　　　）
物質（　　　　　　）

(2) 表の物質の質量が同じとき，体積が最も小さいものはどれか。表の物質から選びなさい。（　　　　　　）

記述 (3) 表の固体のうち，4℃の水にうく物質はどれか。また，その物質が水にうく理由を，「密度」という言葉を用いて書きなさい。
物質（　　　　　　）
理由（　　　　　　　　　　　　　　　　　　　　）

(4) ある金属の質量を電子てんびんではかると，118.1gであった。この金属を50.0cm³の水を入れたメスシリンダーに入れたところ，水面が右の図のようになった。

① この金属の体積は，何cm³か。（　　　　　　）

② この金属の密度は，何g/cm³か。小数第3位を四捨五入して，小数第2位まで書きなさい。（　　　　　　）

③ この金属は何か。表から選びなさい。（　　　　　　）

固体	密度〔g/cm³〕
氷（0℃）	0.92
アルミニウム	2.70
鉄	7.87
銅	8.96
液体	密度〔g/cm³〕
水（4℃）	1.00
菜種油	0.91〜0.92

—80

—70

—60

—50

よく出る **[3]** 右の図のガスバーナーについて，次の問いに答えなさい。　4点×4〔16点〕

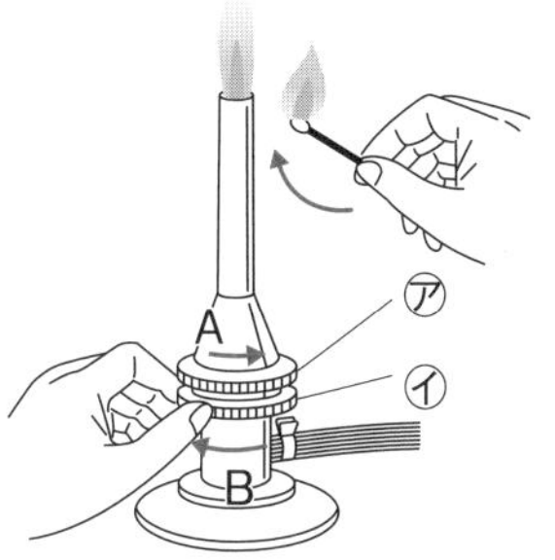

(1) 図の㋐，㋑のねじを何というか。　㋐(　　　　　)
㋑(　　　　　)

(2) ガスバーナーの火をつける正しい手順になるように，次の**ア**～**カ**を並べなさい。
(　　→　　→　　→　　→　　→　　)

ア　マッチに火をつける。
イ　㋑のねじを回して，炎の大きさを調節する。
ウ　㋐，㋑のねじが閉まっていることを確かめる。
エ　マッチの火をガスバーナーに近づけ，㋑のねじを開いて点火する。
オ　ガスの元栓を開く。
カ　㋑のねじをおさえたまま，㋐のねじを開いて炎の色を調節する。

(3) ガスバーナーに火をつけると，空気の量が不足していたため，赤色の炎になっていた。このあと，適正な色の炎にするためには，どのような操作を行うか。次の**ア**～**エ**から選びなさい。　(　　)

ア　㋑のねじをおさえたまま，㋐のねじをAの向きに回す。
イ　㋑のねじをおさえたまま，㋐のねじをBの向きに回す。
ウ　㋐のねじをおさえたまま，㋑のねじをAの向きに回す。
エ　㋐のねじをおさえたまま，㋑のねじをBの向きに回す。

よく出る **[4]** 食塩，砂糖，デンプンのいずれかである，A～Cの白い粉末を区別するため，下のような実験を行った。これについて，あとの問いに答えなさい。　4点×6〔24点〕

実験1　ルーペで観察したところ，Bは立方体の形をしていた。
実験2　水を入れた試験管にそれぞれの物質を入れ，よくふり混ぜたところ，A，Bは水にとけたが，Cは水にとけなかった。
実験3　アルミニウムはくの容器に入れて，弱火で熱したところ，A，Cは黒くこげたが，Bは変わらなかった。

(1) **実験3**で，A，Cの物質のように熱すると，黒くこげる物質を何というか。
(　　　　　)

(2) **実験3**で，A，Cの物質が黒くこげたのは，何がふくまれていたからか。
(　　　　　)

(3) **実験3**からさらに熱すると，A，Cの物質は燃えて，気体が発生した。このとき発生した気体は何か。　(　　　　　)

(4) A～Cの粉末はそれぞれ何であるか。
A(　　　　　)　B(　　　　　)　C(　　　　　)

第２章　気体の性質

満点ミッション

①二酸化炭素
有機物が燃えるとできる気体。

②酸素
空気中に体積の割合で21％ふくまれる気体。物質を燃やすはたらきがある。

ミス注意！
酸素そのものは燃えない。

③水素
火を近づけると空気中で音を出して燃えて水が発生する気体。

④窒素（ちっそ）
空気中に体積の割合で78％ふくまれる気体。

⑤アンモニア
アンモニア水を加熱しても発生する。有毒な気体。

ポイント
アンモニアの水溶液は，アルカリ性を示すため，赤色リトマス紙が青くなる。

テストに出る！　ココが要点　解答 p.5

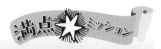

① 気体の性質

教 p.94〜p.102

1 身のまわりの気体の発生方法と性質

(1)　(①　　　　　)　石灰石や貝がらにうすい塩酸を加えると発生し，石灰水を白くにごらせる。

(2)　(②　　　　　)　二酸化マンガンにオキシドール(うすい過酸化水素水)を加えると発生し，火のついた線香を入れると，線香が激しく燃える。

図１ ●二酸化炭素●

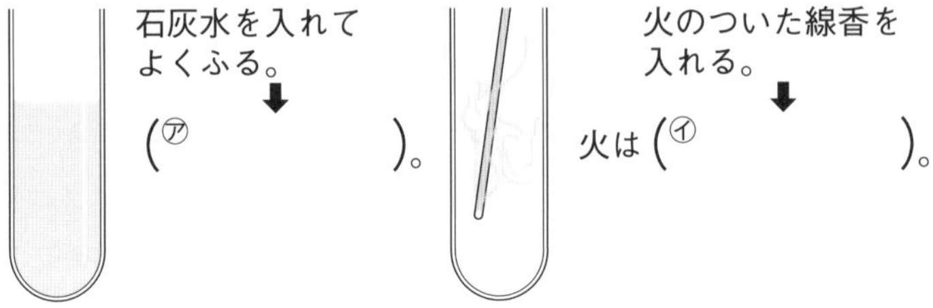
石灰水を入れてよくふる。
(㋐　　　　　)。
火のついた線香を入れる。
火は(㋑　　　　　)。

図２ ●酸素●

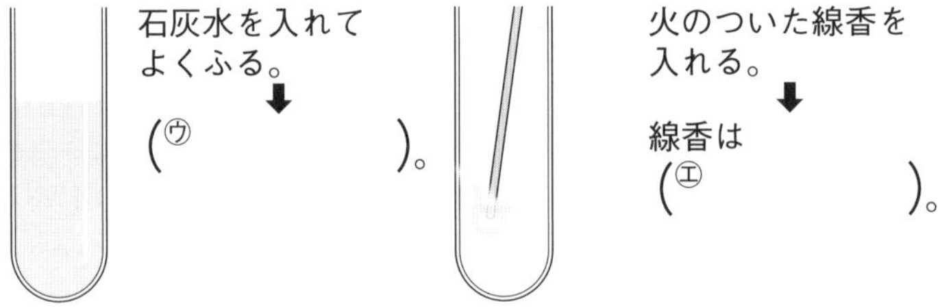
石灰水を入れてよくふる。
(㋒　　　　　)。
火のついた線香を入れる。
線香は(㋓　　　　　)。

(3)　(③　　　　　)　鉄や亜鉛（あえん）などの金属にうすい塩酸や硫酸（りゅうさん）を加えると発生し，空気中で燃えると水ができる。

(4)　(④　　　　　)　空気の体積の約$\frac{4}{5}$をしめる。

(5)　(⑤　　　　　)
塩化アンモニウムと水酸化カルシウムを混ぜて熱すると発生し，特有の刺激臭（しげきしゅう）があり，水に非常によくとける。

図３

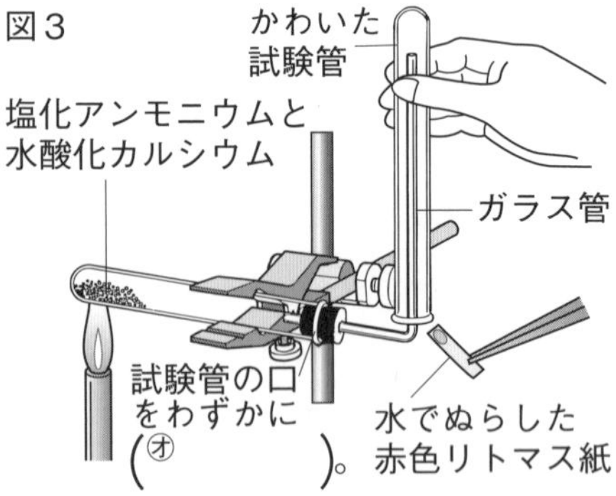
かわいた試験管
塩化アンモニウムと水酸化カルシウム
ガラス管
試験管の口をわずかに(㋔　　　　　)。
水でぬらした赤色リトマス紙

ココが要点の答えになります。

② 気体の性質と集め方

(1) (⑥　　　　　) 酸性の水溶液にふれると<u>青色</u>が<u>赤色</u>に，アルカリ性の水溶液にふれると<u>赤色</u>が<u>青色</u>に変化する。

(2) (⑦　　　　　) 酸性で<u>黄色</u>，中性で<u>緑色</u>，アルカリ性で<u>青色</u>を示す薬品。

(3) 気体の水へのとけ方と密度の比

図4

気体	水へのとけ方	空気を1とした密度の比
(㋕　　　)	とけにくい。	1.11
(㋖　　　)	少しとける。	1.53
窒素	とけにくい。	0.97
(㋗　　　)	とけにくい。	0.07
(㋘　　　)	非常にとけやすい。	0.60
空気	ー	1.00

● 水に<u>非常にとけやすい</u>気体…アンモニア

● 水に<u>少しとける</u>気体…二酸化炭素

● 水に<u>とけにくい</u>気体…酸素，窒素，水素

● 空気より密度が<u>大きい</u>気体…酸素，二酸化炭素

● 空気より密度が<u>小さい</u>気体…窒素，水素，アンモニア

(4) 気体の集め方　水へのとけ方や密度など，気体の性質が異なるため，その気体に適した集め方をしなければならない。

● (⑧　　　　　) 水にとけやすく，空気より密度が大きい気体を集める方法。

● (⑨　　　　　) 水にとけやすく，空気より密度が小さい気体を集める方法。

● (⑩　　　　　) 水にとけにくい気体を集める方法。

図5

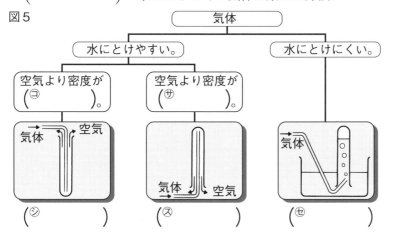

気体

水にとけやすい。　水にとけにくい。

空気より密度が(㋙　　)。　空気より密度が(㋚　　)。

気体→　空気
(㋛　　　)

気体→　空気
(㋜　　　)

気体
(㋝　　　)

⑥リトマス紙
青色リトマス紙は酸性の水溶液にふれると赤色になる。赤色リトマス紙はアルカリ性の水溶液にふれると青色になる。

⑦BTB溶液
酸性なら黄色，中性なら緑色，アルカリ性なら青色になる。

⑧下方置換法
図5の㋛。空気よりも重い気体を集める。

⑨上方置換法
図5の㋜。空気よりも軽い気体を集める。

⑩水上置換法
図5の㋝。水と置きかえて集める。

テストに出る！ 予想問題

第2章　気体の性質

30分　/100点

よく出る **1** 右の図のような装置で，酸素や二酸化炭素を発生させ，その性質を調べる実験を行った。これについて，次の問いに答えなさい。　4点×10〔40点〕

(1) 酸素を発生させるとき，図のA，Bの物質は，どのような組み合わせにするか。次のア～カからそれぞれ選び，記号で答えなさい。

A（　　）　B（　　）

ア　石灰水　　イ　うすい塩酸

ウ　亜鉛　　エ　オキシドール

オ　石灰石　　カ　二酸化マンガン

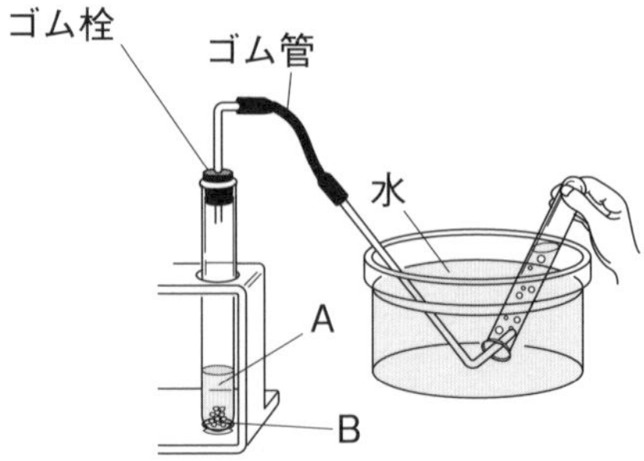

(2) 二酸化炭素を発生させるとき，図のA，Bの物質は，どのような組み合わせにするか。(1)のア～カからそれぞれ選び，記号で答えなさい。　A（　　）　B（　　）

(3) 図のような気体の集め方を何というか。（　　　）

記述 (4) 図の方法で気体を集めるとき，1本目の試験管の気体を捨てる理由を書きなさい。

（　　　）

記述 (5) 酸素が図の方法で集められるのは，これらの気体にどのような性質があるためか。

（　　　）

(6) 酸素と二酸化炭素を集めた試験管に，火のついた線香を入れるとどうなるか。次のア～エからそれぞれ選びなさい。　酸素（　　）　二酸化炭素（　　）

ア　線香の火が消える。　　イ　線香が激しく燃える。

ウ　気体が激しく燃える。　　エ　線香の火が弱くなる。

(7) 二酸化炭素は図の方法以外でも集めることができる。その集め方を何というか。

（　　　）

2 右の図は，空気の組成(そせい)（体積の割合）を表したグラフである。これについて，次の問いに答えなさい。　4点×3〔12点〕

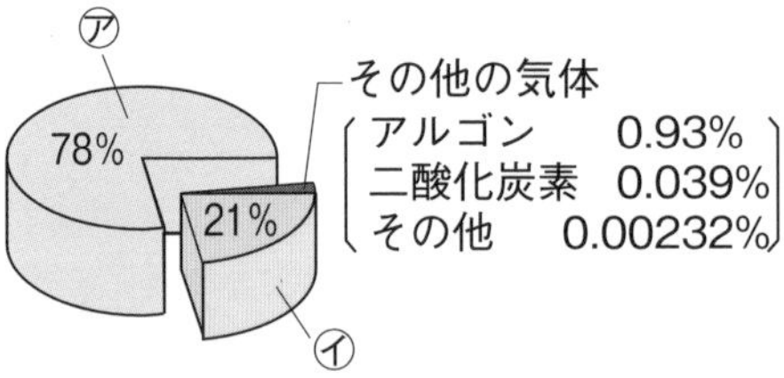

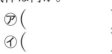

(1) 図の㋐，㋑にあてはまる気体は何か。

㋐（　　　）

㋑（　　　）

(2) 図の㋐の気体の性質を，次のア～エから選びなさい。（　　）

ア　無色でにおいがない。　　イ　無色であるが，においがある。

ウ　燃えやすい。　　エ　水にとけやすい。

[3] 右の図1，図2のような装置で水素，アンモニアをそれぞれ発生させ，その性質を調べる実験を行った。これについて，次の問いに答えなさい。
4点×7〔28点〕

(1) 図1の液体A，固体Bは何か。次の**ア**～**カ**からそれぞれ選び，記号で答えなさい。

A(　　) B(　　)

ア うすい塩酸　**イ** エタノール
ウ 石灰石　**エ** オキシドール
オ 亜鉛　**カ** 二酸化マンガン

[記述] (2) 図1のように水素を集めた試験管に火を近づけると，水素はどうなるか。

(　　　　　　　　　　　　　　)

(3) (2)のときにできる物質は何か。

(　　　　　)

(4) アンモニアの性質として正しいものを，次の**ア**～**エ**から選びなさい。(　　)

ア 物質を燃やす。　**イ** 水にとけにくい。
ウ においがある。　**エ** 色がついている。

[記述] (5) 図2のように，試験管の口に水でぬらしたリトマス紙を近づけた。このとき，何色のリトマス紙が何色に変化したか。

(　　　　　　　　　　　　　　　　　　　　　　　　)

(6) (5)の結果から，アンモニアの水溶液は酸性，中性，アルカリ性のどの性質を示すと考えられるか。(　　　　)

図1 水素の発生

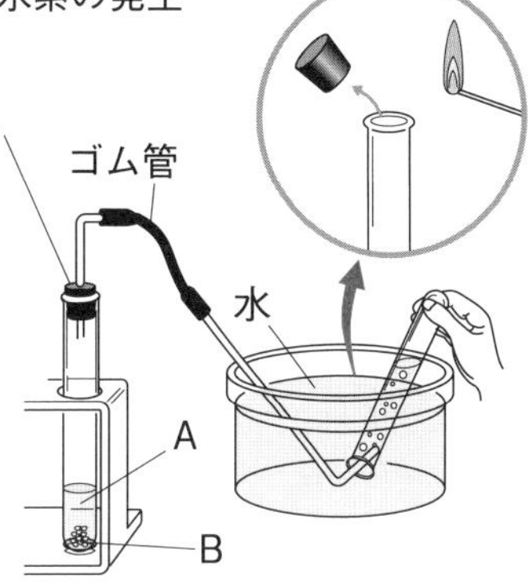
ゴム栓
ゴム管
水
A
B

図2 アンモニアの発生

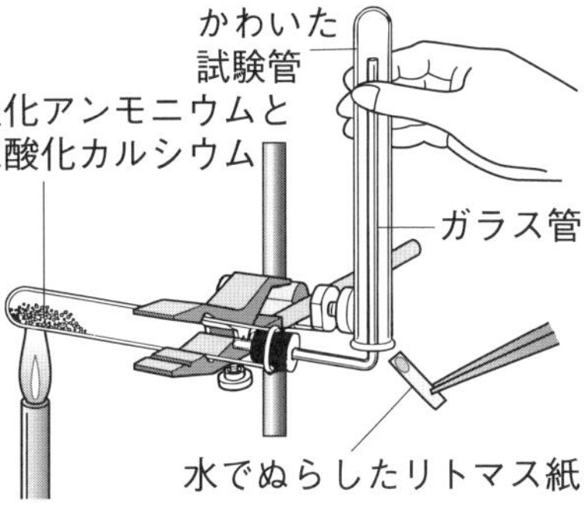
かわいた
試験管
塩化アンモニウムと
水酸化カルシウム
ガラス管
水でぬらしたリトマス紙

[4] 右の図は，気体の性質によって適した集め方を選ぶときに考える順を示したものである。これについて，次の問いに答えなさい。
4点×5〔20点〕

(1) 図の㋐，㋑にあてはまる語句をそれぞれ書きなさい。

㋐(　　　　　)
㋑(　　　　　)

(2) 図のA，Bの集め方をそれぞれ何というか。

A(　　　　　)
B(　　　　　)

(3) 図のCの集め方で，適していない気体は，次の**ア**～**オ**のどれか。記号で答えなさい。

(　　)

ア 酸素　**イ** 二酸化炭素　**ウ** 窒素
エ 水素　**オ** アンモニア

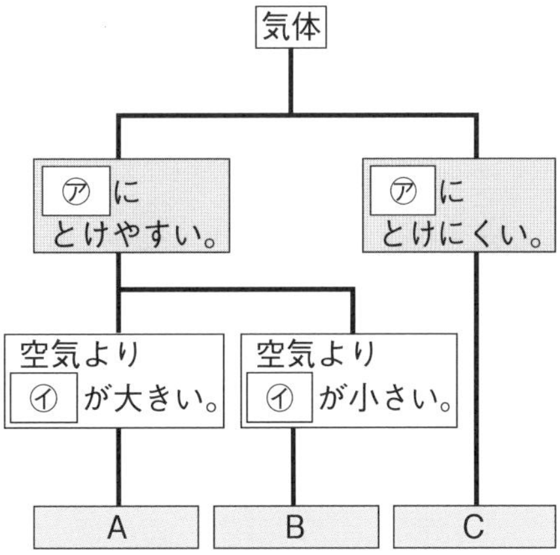
気体
㋐に
とけやすい。
㋐に
とけにくい。
空気より
㋑が大きい。
空気より
㋑が小さい。
A
B
C

第3章　水溶液の性質

満点★ミッション

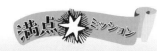

テストに出る！ ココが要点　解答 p.6

① 物質が水にとけるようす　[教] p.104～p.109

1 水にとける物質のようす

(1) 物質が水にとけるモデル　水が物質の粒子(りゅうし)と粒子の間に入りこむと，物質は，顕微鏡でも見えない小さな粒子にばらばらになり，やがて全体に均一になる。

図1

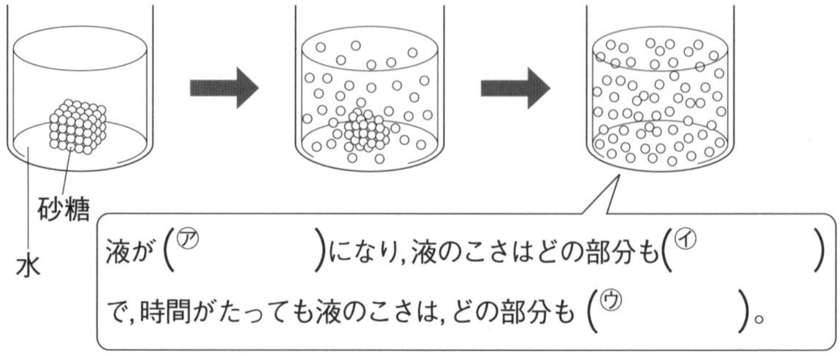

砂糖
水
液が（㋐　　）になり,液のこさはどの部分も（㋑　　）で,時間がたっても液のこさは,どの部分も（㋒　　）。

(2) 水溶液(すいようえき)　溶媒(ようばい)が水である溶液(ようえき)。砂糖を水にとかすと，砂糖水ができる。

- （①　　　）…砂糖のように，とけている物質。
- （②　　　）…水のように，溶質(ようしつ)をとかしている液体。
- （③　　　）…溶質が溶媒にとけた液全体。

図2 ●砂糖が水にとけるようす●

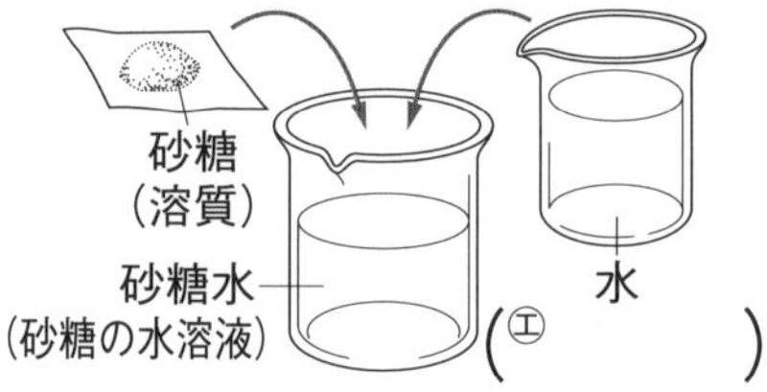

砂糖
(溶質)
砂糖水
(砂糖の水溶液)
水
（㋓　　）

図3 ●ろ過●

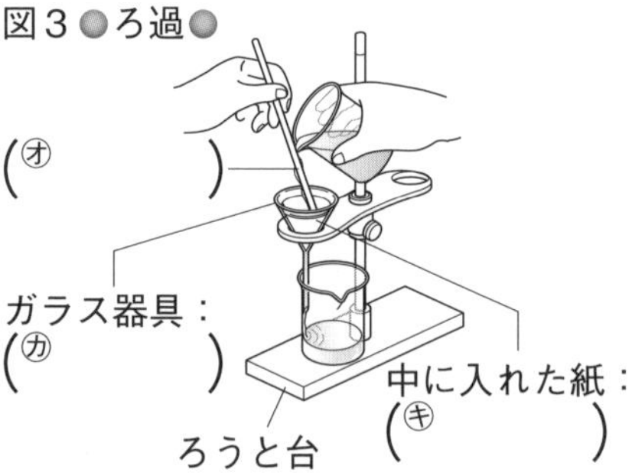

（㋔　　）
ガラス器具：
（㋕　　）
中に入れた紙：
（㋖　　）
ろうと台

(3) （④　　　）とけ残った物質をとり出す方法。

2 純粋(じゅんすい)な物質(純物質)と混合物(こんごうぶつ)

(1) （⑤　　　）水や酸素など，1種類の物質からできている物。

(2) （⑥　　　）砂糖水など，いくつかの物質が混じり合った物。

ミス注意！
水に物質をとかす前の全体の質量と，とかした後の全体の質量は同じである。

①溶質
とけている物質。図2の砂糖。

②溶媒
溶質をとかす液体。図2の水。

③溶液
溶質が溶媒にとけた液全体。

④ろ過
図3のように，ろ紙やろうとを用いて行う。ろ紙のあなよりも大きい物質だけをとり出すことができる。

⑤純粋な物質
1種類の物質だけでできている物。

⑥混合物
複数の物質が混じり合った物。

ココが要点の答えになります。

3 溶液の濃度

(1) (⑦　　　　) 物質を水にとかしたときのこさ。

(2) (⑧　　　　　　　　) 溶液のこさを，溶質の質量が溶液全体の質量の何％にあたるかで表したもの。

質量パーセント濃度〔%〕＝ 溶質の質量〔g〕/ 溶液の質量〔g〕×100

＝ 溶質の質量〔g〕/（溶質の質量〔g〕＋溶媒の質量〔g〕）×100

2 溶解度と再結晶

教 p.110〜p.116

1 水にとけた物質をとり出す

(1) (⑨　　　　) いくつかの平面に囲まれた，規則正しい形をしている固体。形は物質によって決まっている。

図4

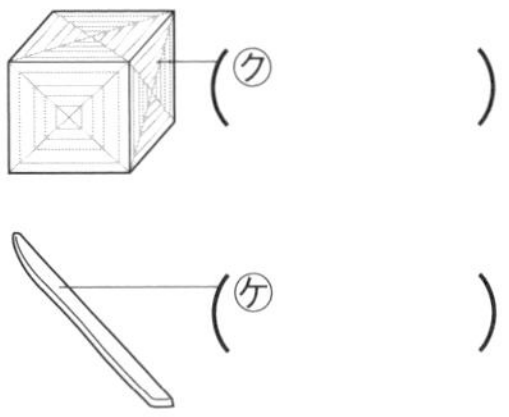

(㋗　　　　)
(㋘　　　　)

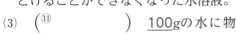

(2) (⑩　　　　) 一定の量の水に物質をとかしていったとき，それ以上とけることができなくなった水溶液。

(3) (⑪　　　　) 100gの水に物質をとかして飽和水溶液にしたときの，とけた物質の質量。

(4) (⑫　　　　) 水の温度と溶解度の関係をグラフに表したもの。

(5) (⑬　　　　) 固体の物質を一度水にとかしてから，溶解度の差を利用して，再び結晶として物質をとり出すこと。

図5

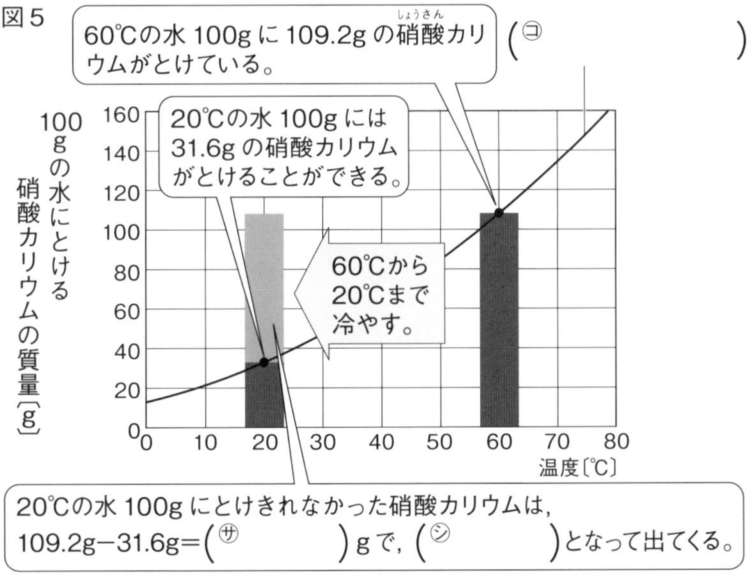

60℃の水 100g に 109.2g の硝酸カリウムがとけている。
(㋙　　　　)
20℃の水 100g には 31.6g の硝酸カリウムがとけることができる。
60℃から 20℃まで冷やす。
100gの水にとける硝酸カリウムの質量〔g〕
0 20 40 60 80 100 120 140 160
0 10 20 30 40 50 60 70 80
温度〔℃〕
20℃の水 100g にとけきれなかった硝酸カリウムは，
109.2g−31.6g＝(㋚　　　　)g で，(㋛　　　　)となって出てくる。

満点ミッション

⑦濃度
物質が水にとけたときのこさ。

⑧質量パーセント濃度
溶液中の溶質の質量の割合を表したもの。

⑨結晶
図4のような，いくつかの平面で囲まれた規則正しい形をした固体。

⑩飽和水溶液
物質が，それ以上とけることができない水溶液。

⑪溶解度
100gの水にそれ以上とけることができないようになったときの，物質の質量。

⑫溶解度曲線
図5の㋙の曲線。

⑬再結晶
温度による溶解度の差を利用して，溶液から溶質を再び結晶としてとり出す方法。

ミス注意！
塩化ナトリウムのように，温度によって溶解度がほとんど変わらない物質は，水溶液の温度を下げて結晶をとり出すことが難しい。

テストに出る！
予想問題　第３章　水溶液の性質

30分　/100点

[1] 右の図１のように，コーヒーシュガーとデンプンをそれぞれ水に入れ，ガラス棒でよくかき混ぜた後，それぞれの液をろ過した。これについて，次の問いに答えなさい。

5点×5〔25点〕

(1)　図１で，水をかき混ぜたとき，液が透明になったのは，コーヒーシュガーとデンプンのどちらか。
(　　　　　　　　)

(2)　図１で，水をかき混ぜた後，しばらく置いておいた。まったくとけずに，液の底にしずんだのは，コーヒーシュガーとデンプンのどちらか。
(　　　　　　　　)

図１

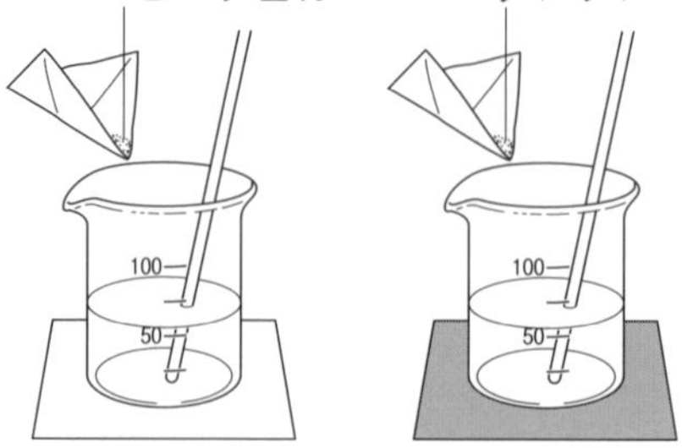

(3)　ろ過のしかたを正しく示しているものはどれか。図２の㋐〜㋓から選びなさい。
(　　)

図２

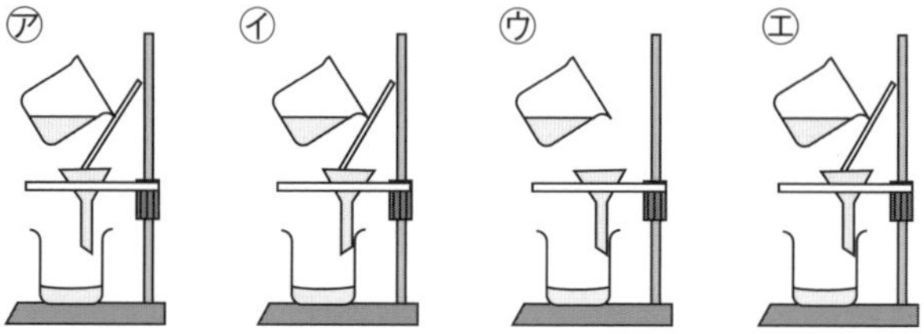

(4)　ろ過した後の液は，それぞれどのような液か。次のア〜ウから選びなさい。
コーヒーシュガー(　　)　デンプン(　　)

ア　物質がとけている液　　イ　何もとけていない水　　ウ　固体がとけ残っている液

よく出る **[2]** 右の図のように，水100ｇと砂糖25ｇを用意し，水に砂糖をとかしたところ，砂糖はすべてとけた。これについて，次の問いに答えなさい。

6点×6〔36点〕

(1)　砂糖のように，液体にとけている物質を何というか。
(　　　　　　　　)

(2)　水のように，物質をとかす液体を何というか。
(　　　　　　　　)

(3)　砂糖水は純粋な物質，混合物のどちらか。
(　　　　　　　　)

(4)　図の砂糖水の質量は何ｇか。
(　　　　　　　　)

(5)　図の砂糖水の質量パーセント濃度は何％か。
(　　　　　　　　)

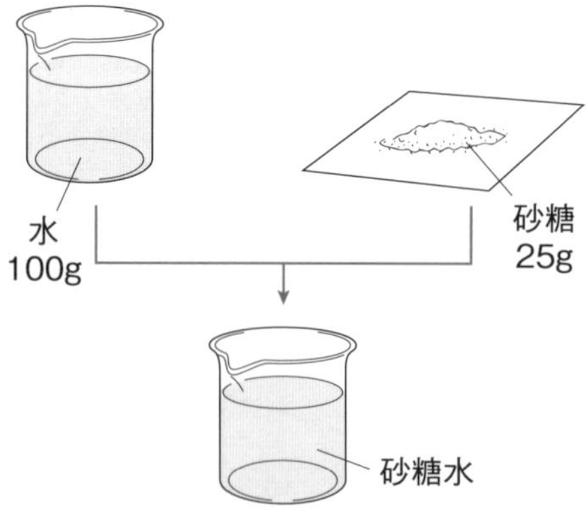

記述 (6)　砂糖がすべてとけた後の液体をしばらく置いておいた。おいた後の液体のこさはどうなっているか。「上の方と下の方でこさを比べると，」という書き出しに続けて書きなさい。
(上の方と下の方でこさを比べると，　　　　　　　　　　　　　　　　　　　　)。

3 砂糖が水にとけるようすを調べるため，下の実験1〜4を行った。これについて，あとの問いに答えなさい。ただし，下の図で溶液の色は表していない。　　　　7点×2〔14点〕

> **実験1** 茶色の角砂糖の質量を薬包紙ごとはかると a g だった。
> **実験2** 水が入ったビーカーの質量をはかると b g だった。
> **実験3** 実験1の角砂糖を実験2のビーカーに静かに入れ，長時間放置した。
> **実験4** 角砂糖がすべてとけてから，全体の質量をはかると，c g だった。

実験1　　　　　　　　実験2　　　　　　　　実験3　　　　　　　　実験4

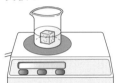

(1)　実験3で，時間がたつとともに，ビーカーの中の液の色はどのように変化したか。次のア〜ウから選びなさい。　　　　　　　　　　　　　　　（　　　）

　　ア　下の方だけがこい茶色になった。　　イ　上の方だけがこい茶色になった。

　　ウ　下の方がこい茶色になった後，ビーカー全体が均一のうすい茶色になった。

(2)　実験1，2，4ではかったそれぞれの質量 a g，b g，c g の間には，どのような関係が成り立つか。次のア〜エから選び，記号で答えなさい。　　　　（　　　）

　　ア　$a=b=c$　　イ　$a+b=c$　　ウ　$a-b=c$　　エ　$a>b>c$

4 右のグラフは100gの水にとける物質の質量と水の温度との関係を示したものである。これについて，次の問いに答えなさい。　　　　5点×5〔25点〕

(1)　100gの水にとけることができる物質の最大の質量を何というか。　　（　　　　　　　　）

(2)　2つのビーカーに40℃の水100gを入れ，硝酸カリウム30gと塩化ナトリウム30gをそれぞれのビーカーに入れてよくかき混ぜた。このとき，それぞれの液はどうなるか。次のア〜エから選びなさい。　　　　　　　　（　　　）

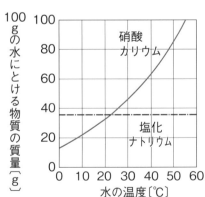

　　ア　両方ともすべてとける。

　　イ　両方ともとけ残る。

　　ウ　硝酸カリウムはすべてとけるが，塩化ナトリウムはとけ残る。

　　エ　塩化ナトリウムはすべてとけるが，硝酸カリウムはとけ残る。

(3)　(2)の液を10℃まで冷やしたところ，一方の液から多くの固体が現れた。この固体は，硝酸カリウム，塩化ナトリウムのどちらか。　　　　　　（　　　　　　　　）

(4)　(3)で液から出てきた固体の質量は約何 g か。整数で答えなさい。　（　　　　　　）

(5)　(3)のようにして，液から固体をとり出すことを何というか。　（　　　　　　　　）

第4章　物質の姿と状態変化

満点★ミッション

①(物質の)状態変化
固体⇄液体⇄気体のように，温度によって物質の状態が変化すること。

②体積
物のかさ。物質の状態変化によって変化する。

③質量
物質そのものの量。上皿てんびんや電子てんびんではかることができる。物質の状態変化によって変化しない。

④密度
物質の単位体積あたりの質量。単位は g/cm^3 で表す。

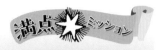

テストに出る！ ココが要点　解答 p.7

① 物質の状態変化(じょうたいへんか)と体積・質量の変化　[教] p.118～p.125

[1] 物質の状態変化

(1) (①　　　　) 固体⇄液体⇄気体のように，物質の状態が温度によって変わること。(固体⇄気体と変化する物質もある)

[2] 物質の状態変化と体積・質量の変化

(1) 物質の状態変化と体積・質量　物質が状態変化するとき，(②　　　　)は変化するが，(③　　　　)は変化しない。

図1

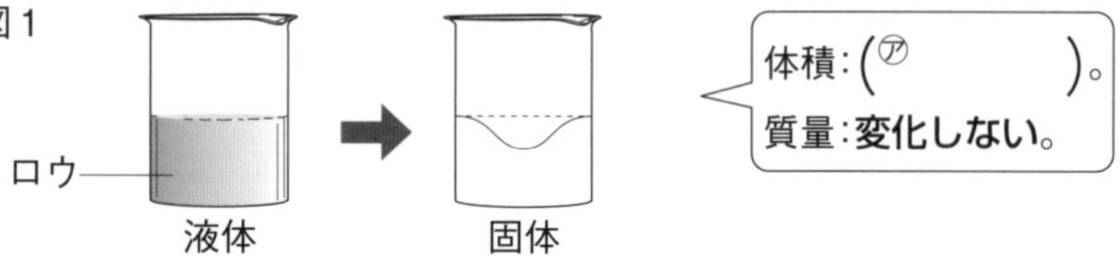

ロウ
液体
固体
体積：(㋐　　　　)。
質量：変化しない。

図2

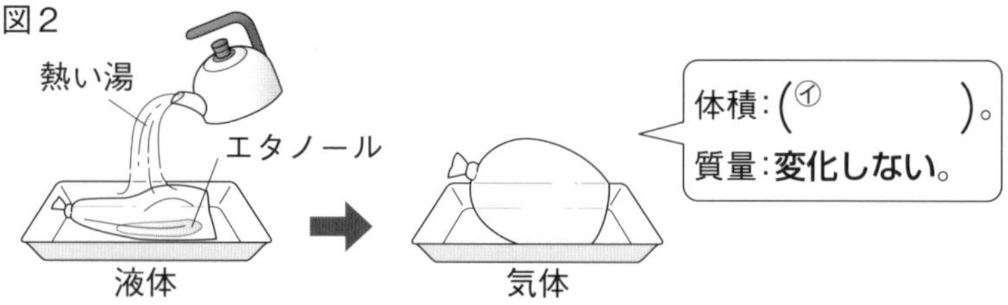

熱い湯
エタノール
液体
気体
体積：(㋑　　　　)。
質量：変化しない。

(2) 状態変化の粒子のモデル　固体が液体に，液体が気体になると，粒子の運動が活発になり，粒子と粒子の間が広がって体積が大きくなる。

図3

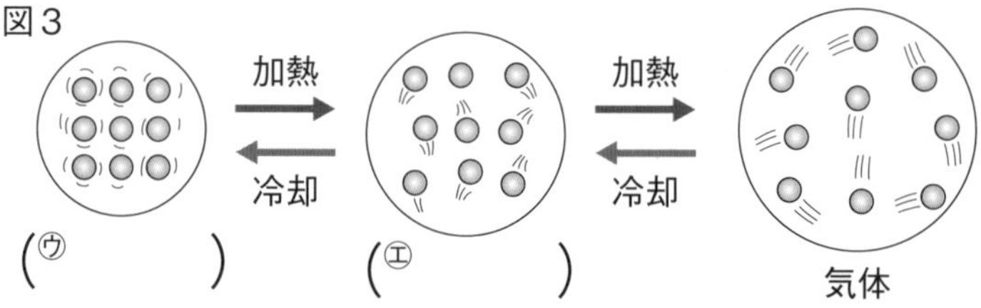

加熱
冷却
加熱
冷却
(㋒　　　　)
(㋓　　　　)
気体

(3) 水の状態変化と体積・質量

水の場合は，ロウなどとちがい，液体から固体に変化するとき，体積が大きくなるという特別な性質をもつ。このため，水をこおらせると，氷の方が水よりも(④　　　　)が小さくなるため，氷を水に入れると，氷は水にうく。

図4

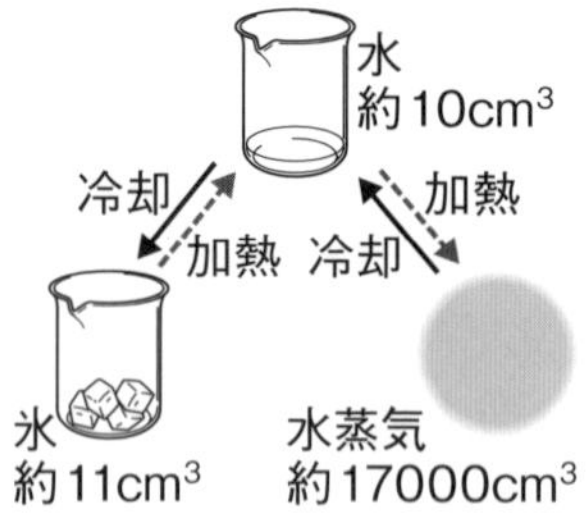

水
約10cm³
冷却
加熱
加熱
冷却
氷
約11cm³
水蒸気
約17000cm³

ココが要点の答えになります。

② 状態変化が起こるときの温度と蒸留 [教] p.126～p.131

[1] 沸点(ふってん)と融点(ゆうてん)

(1) 純粋な物質の沸点と融点　物質の種類により，決まっている。

● (⑤　　　　)…液体が沸騰し始めるときの温度。

● (⑥　　　　)…固体がとけて，液体に変化するときの温度。

図5 ●水(氷)を加熱したときの状態と温度変化●

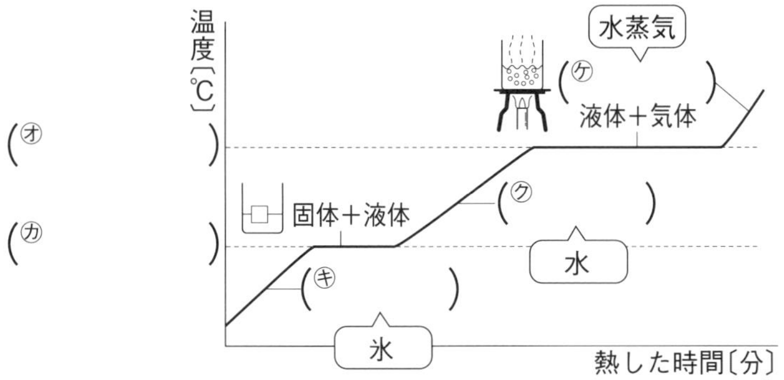
(㋔　　　)
(㋕　　　)
温度〔℃〕
水蒸気
(㋘　　　)
液体＋気体
固体＋液体
(㋗　　　)
水
(㋖　　　)
氷
熱した時間〔分〕

(2) 状態変化しているときの温度　純粋な物質は，沸点や融点は物質の種類で決まっているため，物質を区別するときの手がかりとなる。

[2] 混合物の蒸留

(1) (⑦　　　　)　液体を熱して沸騰させ，出てくる蒸気(気体)を冷やして再び液体にしてとり出すこと。物質ごとに沸点がちがうことを利用して出てくる蒸気(気体)を分離(ぶんり)し，純粋な物質をとり出す。

図6

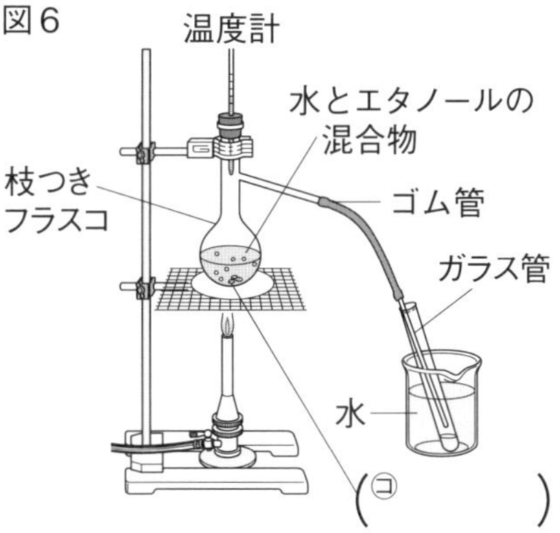
温度計
水とエタノールの混合物
枝つきフラスコ
ゴム管
ガラス管
水
(㋙　　　)

図7 ●水とエタノールの混合物の温度変化●

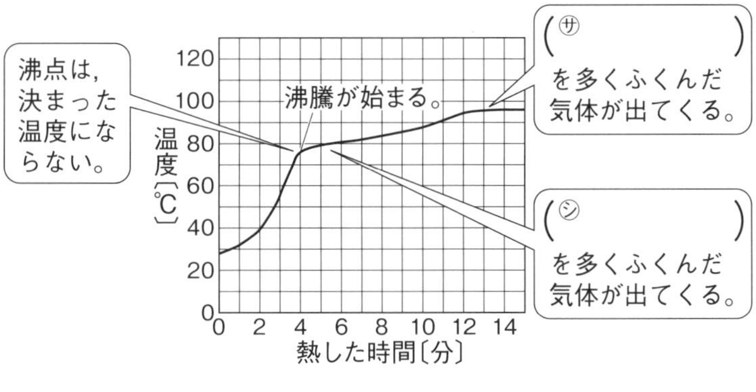
沸点は，決まった温度にならない。
沸騰が始まる。
(㋚　　　)を多くふくんだ気体が出てくる。
(㋛　　　)を多くふくんだ気体が出てくる。
温度〔℃〕
120
100
80
60
40
20
0
0 2 4 6 8 10 12 14
熱した時間〔分〕

満点★ミッション

⑤沸点
液体が沸騰して気体に変化するときの温度。図5の㋔。

⑥融点
固体がとけて。液体に変化するときの温度。図5の㋕。

⑦蒸留
液体の混合物を熱して，沸点のちがいを利用して出てくる蒸気(気体)を分離し，冷やして再び液体としてとり出す方法。

ポイント
エタノールの沸点は約78℃，水の沸点は100℃である。
蒸留では，沸点の低い物質から先に気体となって出てくる。

テストに出る！
予想問題　第4章　物質の姿と状態変化

30分
/100点

[1] 右の図のように，固体のロウを加熱して液体のロウをつくり，再び冷やして固体のロウにもどした。これについて，次の問いに答えなさい。 3点×5〔15点〕

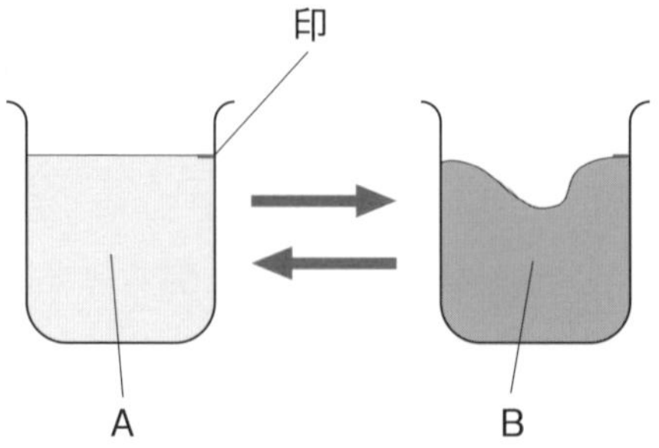

⑴ ロウが温度によって固体から液体，液体から固体と変化することをロウの何というか。
(　　　　)

⑵ 固体のロウを示しているのは，図のA，Bのどちらか。 (　　)

[記述] ⑶ 液体のロウが固体に変化するとき，体積と質量は，それぞれ液体のときと比べてどうなるか。
(　　　　　　　　　　)

⑷ 固体のロウの粒子のようすを表しているものを，右の図の㋐～㋒から選びなさい。 (　　)

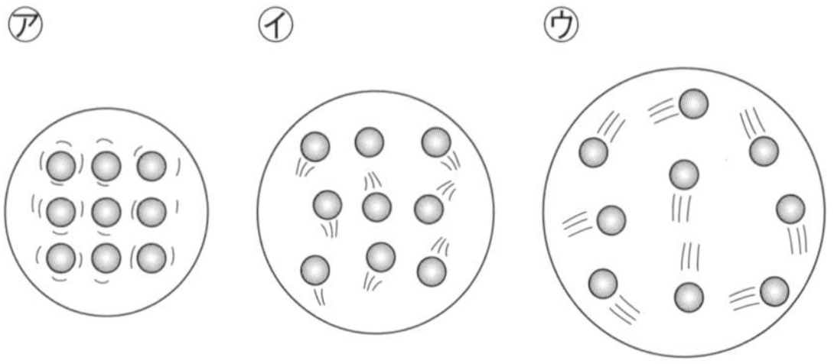

⑸ 液体から固体に変化するとき，体積が大きくなる物質はどれか。次のア～ウから選びなさい。 (　　)

ア　エタノール　　イ　水　　ウ　ナフタレン

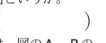

[よく出る] **[2]** 右の図は，氷を熱したときの温度変化をグラフに示したものである。これについて，次の問いに答えなさい。 5点×9〔45点〕

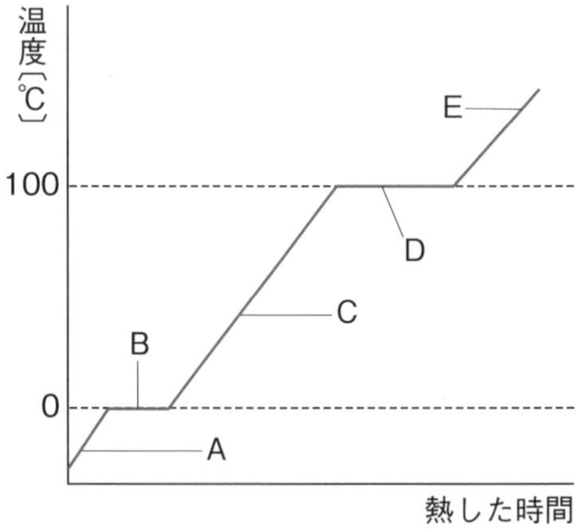

⑴ グラフのA～Eの部分は，次のア～オのどの状態か。記号で答えなさい。

A (　　)　B (　　)
C (　　)　D (　　)
E (　　)

ア　固体　　イ　液体　　ウ　気体
エ　固体と液体が混ざった状態
オ　液体と気体が混ざった状態

⑵ 氷がとけて，液体の水に変化するときの温度を何というか。また，その温度は何℃か。
名称 (　　　　)　温度 (　　　　)

⑶ 水が沸騰し始めるときの温度を何というか。また，その温度は何℃か。
名称 (　　　　)　温度 (　　　　)

3 右のグラフは，固体のナフタレンをゆっくりと熱したときの温度変化を示したものである。これについて，次の問いに答えなさい。　4点×5〔20点〕

(1) グラフのA点で示した温度を何というか。
（　　　　　　　）

(2) この実験で，熱し始めてから5分後，10分後の状態を，次のア～オからそれぞれ選びなさい。
5分後（　　）　10分後（　　）
ア　固体　　イ　液体　　ウ　気体
エ　固体と液体が混じった状態
オ　液体と気体が混じった状態

記述 (3) ナフタレンは純粋な物質であると考えられる。その理由を書きなさい。
（　　　　　　　　　　　　　　　　　　　　　　　　）

(4) ナフタレンの質量を2倍にして同じ実験を行った。このとき，ナフタレンがとけ始める温度はどうなるか。　（　　　　　　　　　　　　　）

4 右の図1のような装置で，エタノール3cm³と水17cm³の混合物を加熱し，出てきた液体を約2cm³ずつ試験管㋐，㋑，㋒の順に集め，それぞれの液体の性質を調べた。これについて，次の問いに答えなさい。　4点×5〔20点〕

(1) 図1で，フラスコ内に入れたaを何というか。図1
（　　　　　　　）

(2) 図1のように，液体を熱して沸騰させ，出てくる蒸気を冷やして再び液体をとり出すことを何というか。　（　　　　　　　）

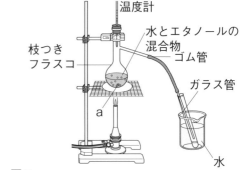

(3) 図2のように，試験管㋐の液体と試験管㋒の液体にろ紙をひたし，火をつけたところ，試験管㋐の液体は燃えたが，試験管㋒の液体は燃えなかった。
① 試験管㋐の液体に多くふくまれている物質は何か。　（　　　　　　　）

記述 ② 試験管㋐の液体に①が多くふくまれていたのはなぜか。①が出てくるおよその温度にもふれながら書きなさい。
（　　　　　　　　　　　　　　　　　　　　　　　　）

図2

(4) 試験管㋐～㋒の液体のうち，最も強いにおいがするものはどれか。記号で答えなさい。
（　　）

教科書 p.142～p.162

単元3 身のまわりの現象

第1章　光の世界

テストに出る！ **ココが要点**　解答 p.8

① 物の見え方と光の反射

教 p.146～p.151

1 物の見え方

(1) 光の進み方

- (①　　　　　)…自ら光を出す物体。 [例]太陽，蛍光灯
- (②　　　　　)…光がまっすぐに進むこと。
- (③　　　　　)…物体の表面で光がはね返ること。
- 太陽の光が，**複数の色**が混ざり合って**白く**見えるように，さまざまな色の光が目に届くため，物の色が見える。

2 光の反射

(1) 光の反射

- (④　　　　　)…入射した光と面に垂直な線がつくる角。
- (⑤　　　　　)…反射した光と面に垂直な線がつくる角。

(2) 光の反射の法則　**入射角**と**反射角**が等しいこと。

図1

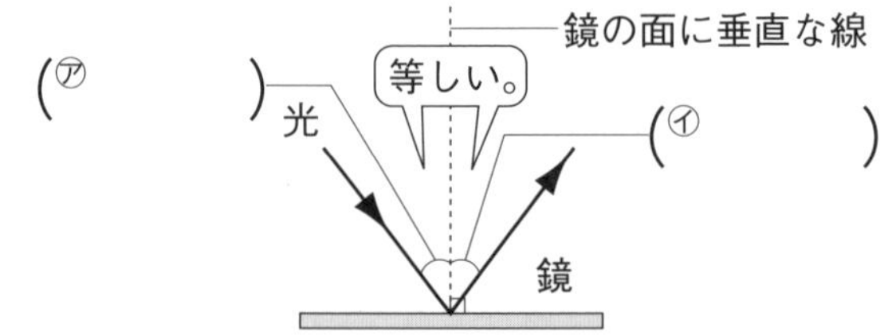

(3) (⑥　　　　　)　物体の表面に凹凸がある場合に光が当たると，光がさまざまな方向に反射すること。

② 光の屈折

教 p.152～p.155

1 光の屈折

(1) (⑦　　　　　)　境界面に垂直な線と境界面で屈折した光のつくる角。

図2

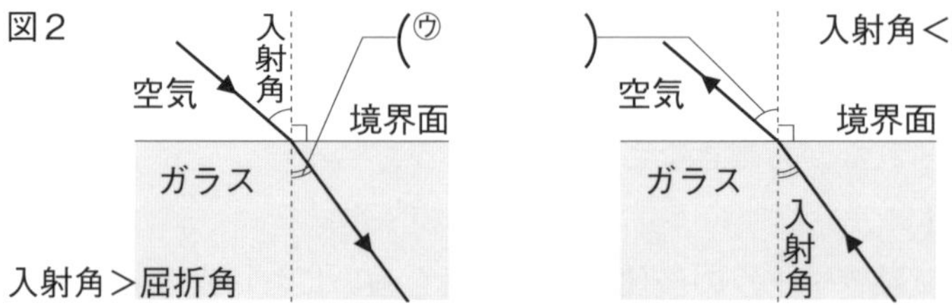

(2) (⑧　　　　　)　光が水やガラスなどから空気中に進むとき，ある角度以上になると，境界面で全ての光が反射すること。

満点ミッション

①**光源**
自ら光を発生させる物体。

②**光の直進**
まっすぐに光が進むこと。

③**光の反射**
光が，物体の表面ではね返ること。

④**入射角**
図1の㋐。

⑤**反射角**
図1の㋑。

⑥**乱反射**
物体の表面に細かい凹凸がある場合に光が当たると，光がさまざまな方向に反射すること。

⑦**屈折角**
図2の㋒。

⑧**全反射**
光が，ガラスなどの透明な物体から空気中に出ていくとき，入射角がある一定の角度以上大きくなると，境界面で全ての光が反射すること。

ココが要点の答えになります。

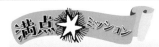

3 レンズのはたらき

教 p.156～p.161

1 レンズのはたらき

(1) 凸レンズを通る光の進み方

- (⑨　　　　)…光軸に平行に進む光が，凸レンズで屈折して集まる点。
- (⑩　　　　)…凸レンズの中心から焦点までの距離。
- 光軸に平行な光…凸レンズで屈折して焦点を通る。
- 凸レンズの中心を通る光…そのまま直進する。
- 焦点を通る光…凸レンズで屈折して(⑪　　　　)に平行に進む。

図3

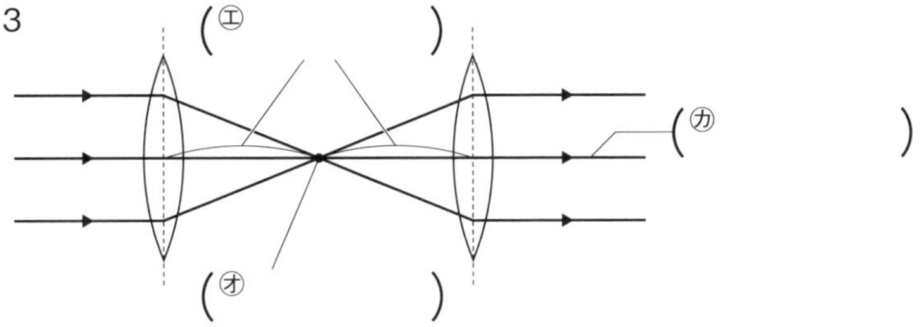

(2) 凸レンズによってできる像

- (⑫　　　　)…物体が焦点の外側にあるときに，凸レンズを通った光が集まり，スクリーン上にできる上下左右が逆向きの像。

図4

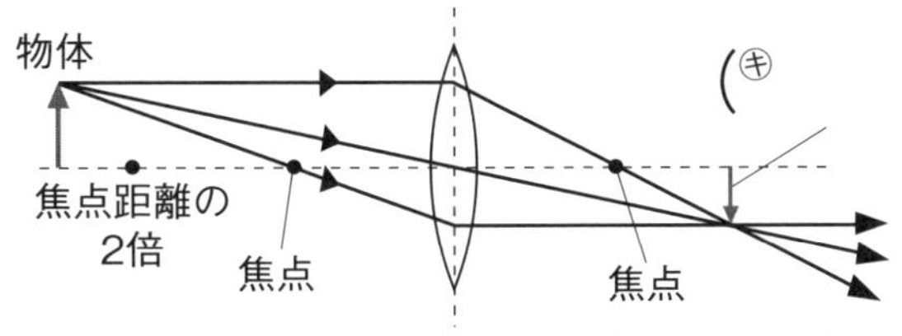

物体の位置	像の位置	像の大きさ
焦点距離の３倍	焦点距離の 1.5 倍	物体より(㋗　　　　)
焦点距離の２倍	焦点距離の(㋘　　　　)	物体と(㋙　　　　)大きさ
焦点	うつらなかった	うつらなかった

- (⑬　　　　)…物体が焦点と凸レンズの間にあるとき，凸レンズをのぞくと見える物体より大きな像。

図5

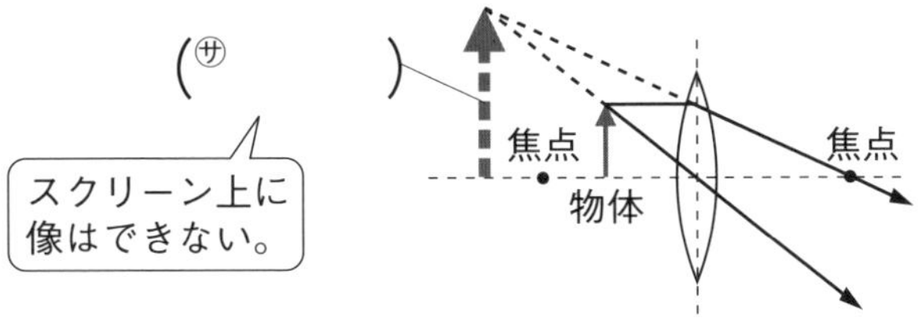

満点★ミッション

⑨**焦点**
図３の㋔。光軸に平行に進む光が，凸レンズで屈折して集まる点。凸レンズの両側にある。

⑩**焦点距離**
図３の㋓。凸レンズの中心から凸レンズの両側にある焦点までの距離。

⑪**光軸**
図３の㋕。凸レンズの中心と焦点を通る線。

⑫**実像**
図４の㋖。凸レンズを通った光が集まってスクリーン上にうつる像で，物体と上下左右が逆向きである。

ポイント
物体が焦点に近づくほど，像ができる位置は凸レンズから遠くなり，像は大きくなる。

⑬**虚像**
図５の㋚。実際に光が集まってできる像ではなく，凸レンズをのぞいたときに見える像で，物体より大きくて物体と上下左右が同じ向きである。

解答 p.8

テストに出る！

予想問題　第１章　光の世界－①

🕒 30分　　/100点

1 右の図１はけむりを入れた容器に光源の光を当てたようすを，図２は光が鏡に当たったときの光の道筋を示したものである。これについて，次の問いに答えなさい。　4点×7〔28点〕

図１

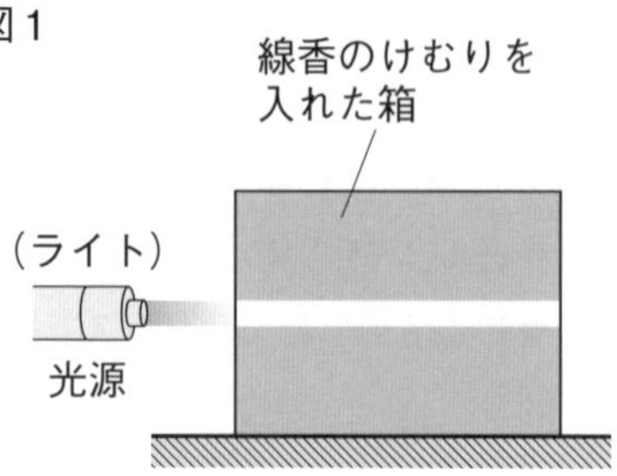
線香のけむりを
入れた箱
（ライト）
光源

図２

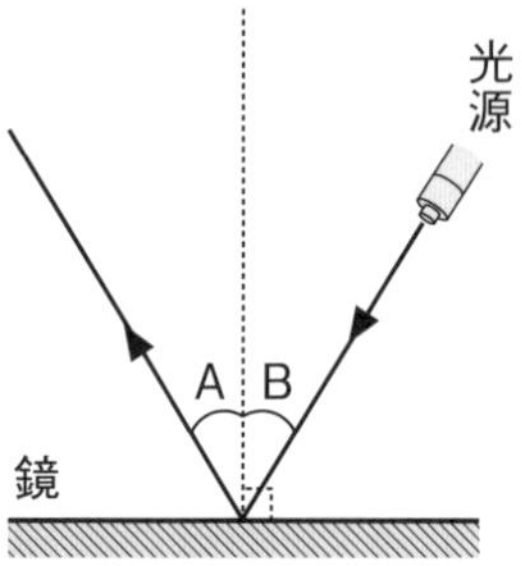
光源
A
B
鏡

(1)　図１のように光が進むことを何というか。
（　　　　　）

(2)　図２のように，物体の表面に当たった光がはね返ることを何というか。
（　　　　　）

(3)　図２で，A，Bの角をそれぞれ何というか。
A（　　　　　）
B（　　　　　）

(4)　図２のA，Bの角の大きさの関係を正しく示したものはどれか。次のア～ウから選びなさい。
（　　）

ア　A＝B　　イ　A＞B　　ウ　A＜B

(5)　図２のA，Bの角が(4)のような関係になることを何というか。（　　　　　）

(6)　表面がなめらかな鏡に対し，表面に細かい凹凸がある物体に当たった光は，さまざまな方向にはね返る。これを何というか。（　　　　　）

よく出る **2** 下の図で示した光の進み方について，正しいものには○，まちがっているものには×をつけなさい。　5点×8〔40点〕

①
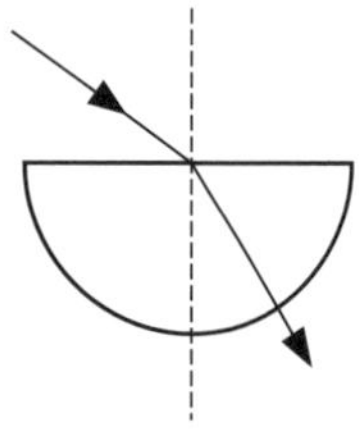
（　　）

②
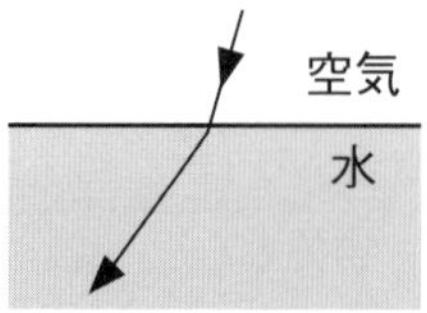
空気
水
（　　）

③
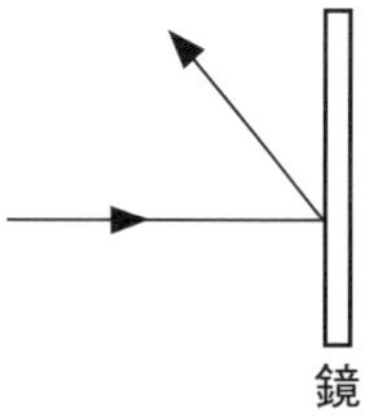
鏡
（　　）

④
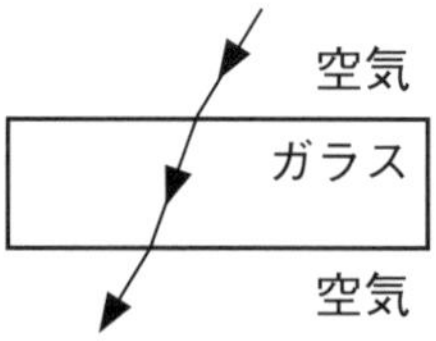
空気
ガラス
空気
（　　）

⑤
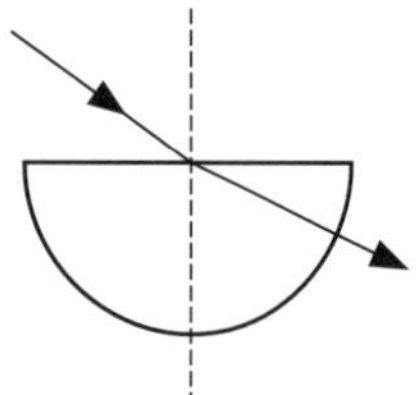
（　　）

⑥
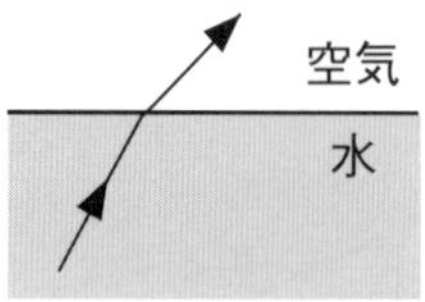
空気
水
（　　）

⑦
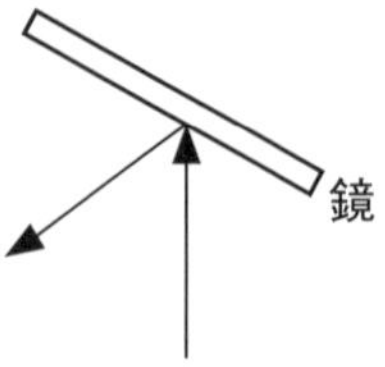
鏡
（　　）

⑧
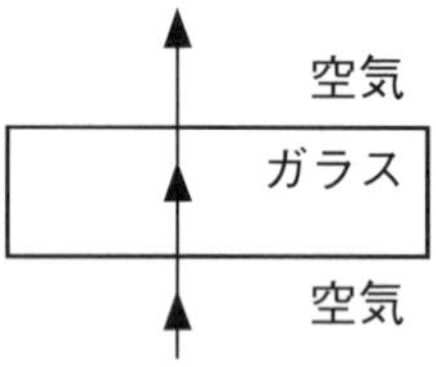
空気
ガラス
空気
（　　）

よく出る **3** 下の図1は，空気中から水中へ光が進む道筋，図2はコインの入ったカップを示したものである。これについて，あとの問いに答えなさい。 4点×3〔12点〕

図1

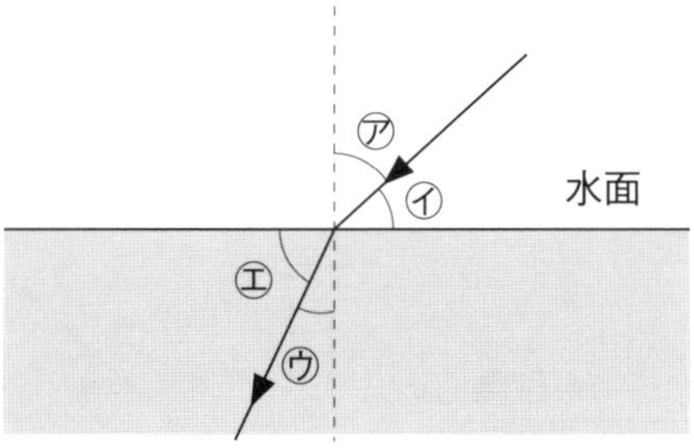

図2

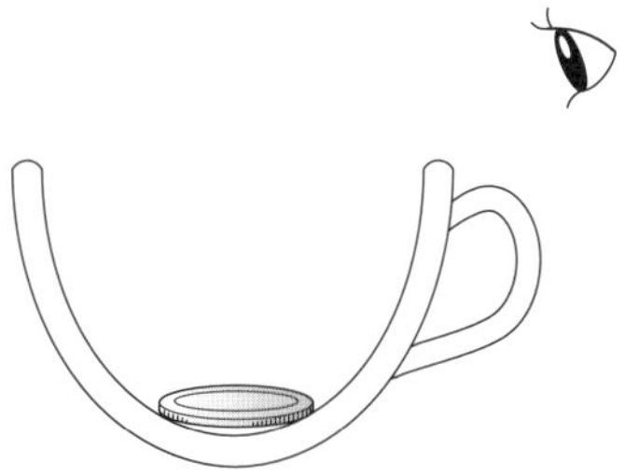

(1) 図1で，入射角，屈折角を示しているものはどれか。図1の㋐〜㋓からそれぞれ選びなさい。 入射角(　　) 屈折角(　　)

(2) 図2で，水が入っていないカップにコインを入れると，コインは見えなかった。カップに水を入れたとき，コインは見えるようになるか，見えないままか。
(　　　　　　　　)

4 右の図のようにして，凸レンズによってできる物体の像について調べた。㋐，㋑はそれぞれ凸レンズの焦点を示し，光の道筋は，凸レンズの中央で1回屈折させてかくものとする。これについて，次の問いに答えなさい。 4点×5〔20点〕

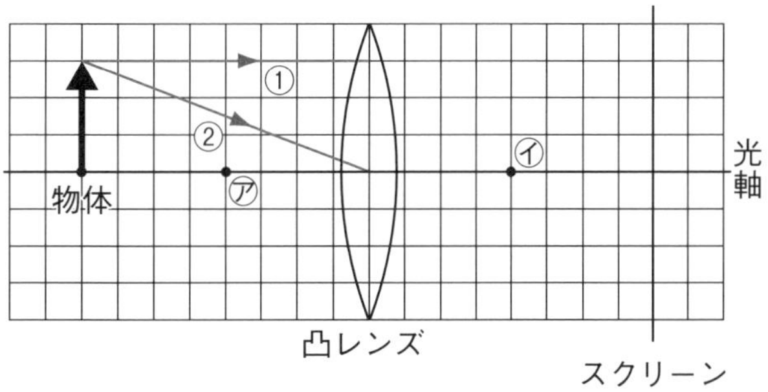

[作図] (1) 光①，②が凸レンズを通った後の道筋と，できた像を図にかき入れなさい。

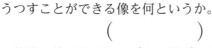

(2) できた像の大きさは，物体と比べて大きいか，小さいか，同じか。
(　　　　　)

(3) できた像のように，スクリーンにうつすことができる像を何というか。
(　　　　　)

(4) 物体の位置を凸レンズから遠ざけたとき，像の大きさや位置はどのようになるか。次のア〜エから選びなさい。 (　　)

ア　像は大きくなり，像の位置は凸レンズに近づく。
イ　像は大きくなり，像の位置は凸レンズから遠ざかる。
ウ　像は小さくなり，像の位置は凸レンズに近づく。
エ　像は小さくなり，像の位置は凸レンズから遠ざかる。

(5) 物体の位置を凸レンズに近づけたとき，像の大きさや位置はどのようになるか。次のア〜エから選びなさい。 (　　)

ア　像は小さくなり，凸レンズから遠ざかる。　イ　像は小さくなり，凸レンズに近づく。
ウ　像は大きくなり，凸レンズから遠ざかる。　エ　像は大きくなり，凸レンズに近づく。

テストに出る！
予想問題 第１章 光の世界－②

🕒30分
/100点

よく出る **1** 右の図は，水と空気中を進む光の道筋を示したものである。これについて，次の問いに答えなさい。
3点×6〔18点〕

(1) 図1，2の㋐～㋓で，入射角を示しているのはどれか。それぞれ記号で答えなさい。
図1（　　）
図2（　　）

図1
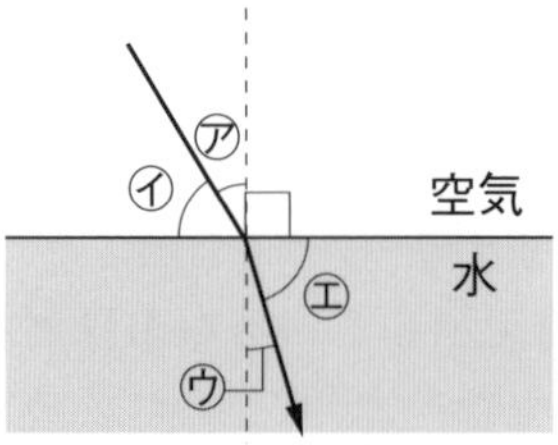

図2
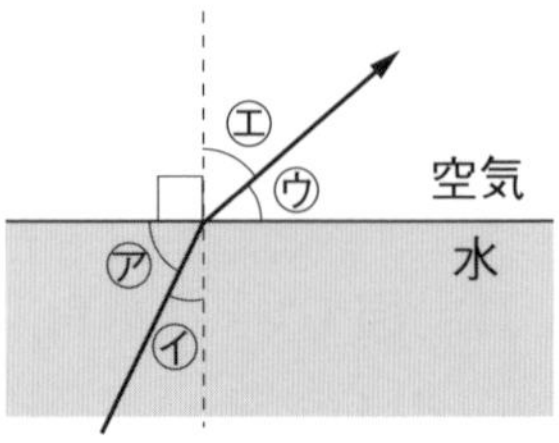

(2) 図1，2の入射角と屈折角の関係を正しく示しているものはどれか。次の**ア**～**ウ**からそれぞれ選びなさい。
図1（　　）　図2（　　）
ア　入射角＝屈折角　　**イ**　入射角＞屈折角　　**ウ**　入射角＜屈折角

(3) 全反射が起こる場合を正しく説明しているものを，次の**ア**～**エ**から選びなさい。
（　　）
ア　図1で入射角が一定以上大きくなったとき　**イ**　図1で入射角が小さくなったとき
ウ　図2で入射角が一定以上大きくなったとき　**エ**　図2で入射角が小さくなったとき

(4) 次の**ア**～**エ**は，身近なもので観察できる光の現象である。全反射によるものはどれか。記号で答えなさい。
（　　）
ア　自動車のバックミラー　**イ**　虫眼鏡を通った日光
ウ　光源装置　**エ**　光ファイバー

2 右の図は，水中に差しこんだ棒の見え方を説明するためのものである。矢印は，棒の先端から出た光が，水と空気との境界面で屈折し，観察者の目に向かって進む光の道筋を示している。これについて，次の問いに答えなさい。
5点×2〔10点〕

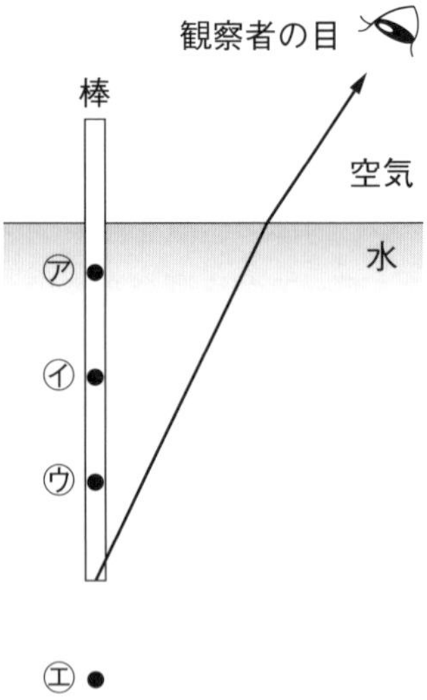

(1) 観察者には，棒の先端はどのような場所にあるように見えているか。図の㋐～㋓から適当なものを選びなさい。
（　　）

(2) 観測者が水中の棒を見たとき，実際の棒の長さと比べてどのように見えるか。次の**ア**～**ウ**から選びなさい。
（　　）
ア　実際の棒よりも長く見える。
イ　実際の棒よりも短く見える。
ウ　実際の棒と同じ長さに見える。

3 下の図のような装置を使い，物体を⬚の①〜⑤の位置に置いて，像ができるスクリーンの位置や像の大きさについて調べた。あとの問いに答えなさい。 　　　4点×18〔72点〕

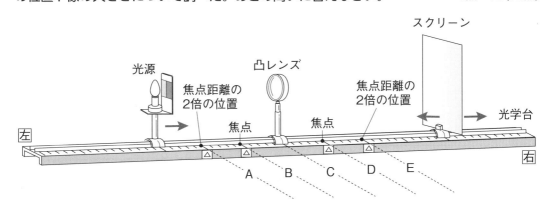

光源　凸レンズ　スクリーン
焦点距離の2倍の位置　焦点距離の2倍の位置
焦点　焦点　光学台
左　右
A　B　C　D　E

①	物体をAより左の位置に置いた。	②	物体をAの位置に置いた。
③	物体をAとBの間の位置に置いた。	④	物体をBの位置に置いた。
⑤	物体をBとCの間の位置に置いた。		

(1) 物体を①〜⑤の位置に置いたときに像ができるスクリーンの位置を，次の**ア〜カ**からそれぞれ選びなさい。　①（　　）②（　　）③（　　）④（　　）⑤（　　）

　ア CとDの間の位置　　**イ** Dの位置　　**ウ** DとEの間の位置

　エ Eの位置　　**オ** Eより右の位置　　**カ** どの位置に置いても像ができない。

(2) 凸レンズを通して物体と同じ方向に像が見えるのは，物体をどの位置に置いたときか。①〜⑤から選びなさい。　　　　　　　　　　　　　　　　　　　（　　　）

(3) (2)のような像を何というか。　　　　　　　　　　　　　　　　　　　　（　　　）

(4) 物体を①〜⑤の位置に置いたとき，スクリーンにできる像や(3)の像の大きさはどのようになるか。次の**ア〜エ**からそれぞれ選びなさい。

　　　　　　　　　　　①（　　）②（　　）③（　　）④（　　）⑤（　　）

　ア 物体より大きい。　　**イ** 物体と同じ大きさ。

　ウ 物体より小さい。　　**エ** 像ができない。

(5) 物体を①〜⑤の位置に置いたとき，スクリーンにできる像や(3)の像の向きはどのようになるか。次の**ア〜オ**からそれぞれ選びなさい。

　　　　　　　　　　　①（　　）②（　　）③（　　）④（　　）⑤（　　）

　ア 上下は同じ向き，左右は逆向き　　**イ** 上下は逆向き，左右は同じ向き

　ウ 上下，左右とも同じ向き　　**エ** 上下，左右とも逆向き　　**オ** 像ができない。

作図 (6) 右の図の位置に物体を置いたとき，どのような像ができるか作図しなさい。ただし，作図に必要な線は消さずに残しておくこと。

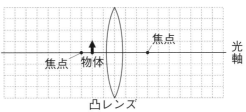

焦点　物体　焦点　光軸
凸レンズ

第2章　音の世界

テストに出る！ ココが要点　解答 p.10

① 音の伝わり方

[教] p.164〜p.165

1 音の伝わり方

(1)　音が出ている物体
音が出ている物体は振動していて，これを（①　　　　　）という。

図1

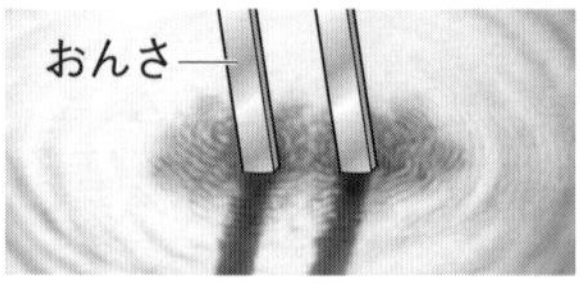
おんさ

図2

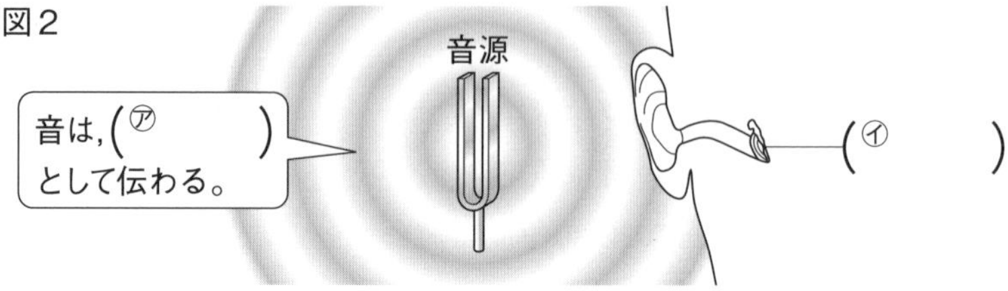
音源
音は,（㋐　　　　）
として伝わる。
（㋑　　　　）

(2)　音を伝える物体　音源は，気体，液体，固体など，あらゆる物質の中を波として広がりながら伝わる。空気を完全にぬいた状態では，音は伝わらない。

図3

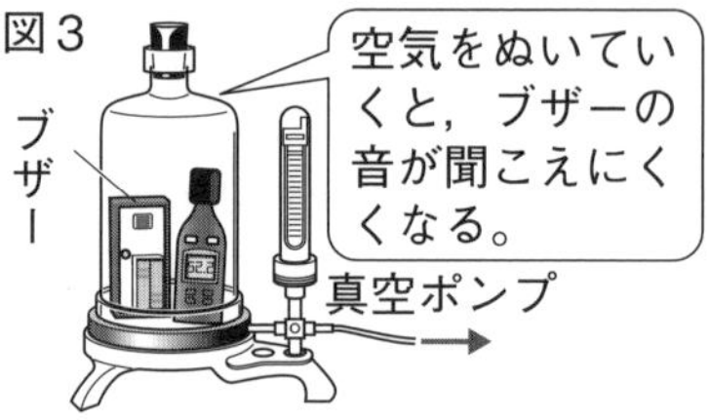
ブザー
空気をぬいていくと，ブザーの音が聞こえにくくなる。
真空ポンプ

② 音の性質

[教] p.166〜p.169

1 音の大きさと高さ

(1)　（②　　　　　）　音の大きさや高さと弦の振動との関係を調べることができる器具。

(2)　（③　　　　　　　　）　振動のようすを波形として画面に表示する装置。

(3)　弦の振動による音の大きさと高さ
- （④　　　　　）…振動の中心からのはば。
- （⑤　　　　　）…物体が1秒間に振動する回数。単位は（⑥　　　　　）（記号Hz）。

図4

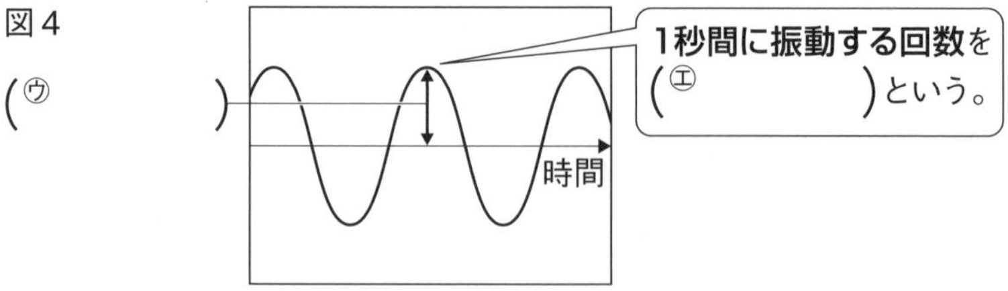
（㋒　　　　）
1秒間に振動する回数を（㋓　　　　）という。
時間

満点★ミッション

①音源
振動して音を出している物体。

②モノコード
音の大きさや高さと弦のようすの関係を調べる器具。弦の長さや弦の張りの強さ，弦をはじく強さを変えて，弦の振動との関係を調べることができる。

③オシロスコープ
振動のようすを波形で表示する装置。

④振幅（しんぷく）
図4の㋒。音が出ている物体の振動の中心からのはば。

⑤振動数（しんどうすう）
図4の㋓。振動している物体が1秒間に振動する回数。

⑥ヘルツ
振動数の単位。記号はHz。

ココが要点の答えになります。

(4) 音源と空気の振動

● 音の大小…聞こえる音が大きいほど，音源の<u>振幅</u>が大きく，空気の振動の<u>振幅</u>も大きくなって伝わる。おんさを強くたたいたり，モノコードの弦を強くはじいたりすると，音は<u>大きく</u>なる。

図5

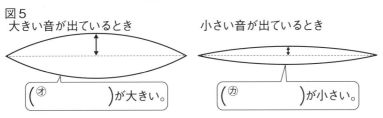

大きい音が出ているとき

(^オ　　　　　)が大きい。

小さい音が出ているとき

(^カ　　　　　)が小さい。

● 音の高低…聞こえる音が高いほど，音源の<u>振動数</u>が多く，空気の<u>振動数</u>も多くなって伝わる。振動数の多いおんさをたたいたり，モノコードの弦の張りを強くしたり，弦を短くしたりすると，音は<u>高く</u>なる。

図6

低い音が出ているとき

(^キ　　　　　)が少ない。

高い音が出ているとき

(^ク　　　　　)が多い。

図7

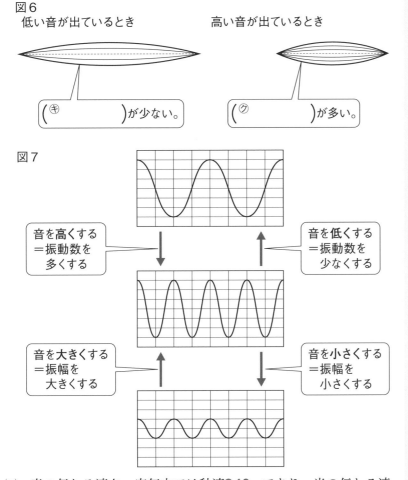

音を高くする
＝振動数を
　多くする

音を低くする
＝振動数を
　少なくする

音を大きくする
＝振幅を
　大きくする

音を小さくする
＝振幅を
　小さくする

(5) 音の伝わる速さ　空気中では秒速<u>340</u>mであり，光の伝わる速さ(秒速約30万km)よりもずっとおそい。

音の大きさは，デシベルという単位を使って表すことが多いよ。

ポイント

弦の長さを短くすると，振動数は多くなり，音は高くなる。

おんさにゴムなどのおもりをつけてたたくと，音が低くなるよ。オシロスコープで見ると，波の数が少なくなるね。

オシロスコープで，画面の波の数(振動数)が多いほど高い音，波の高さ(振幅)が大きいほど大きい音だよ。

テストに出る！

予想問題　第2章　音の世界

⏱30分

/100点

1 右の図1のように，同じ高さの音が出るA，Bのおんさを並べ，Aのおんさをたたいて鳴らした。次に，図2のように，A，Bのおんさの間に板を置き，Aのおんさをたたいて鳴らした。これについて，次の問いに答えなさい。　　　　　　　　　　　　　6点×4〔24点〕

(1) 図1で，Aのおんさをたたいて鳴らすと，Bのおんさは鳴るか。（　　　　　　）

(2) 図2で，Aのおんさをたたいて鳴らすと，Bのおんさはどうなるか。（　　　　　　）

(3) 図1，2の結果から，おんさの音は何によって伝わることがわかるか。（　　　　　　）

(4) 音は，(3)の中を何のようになって伝わっていくか。（　　　　　　）

図1 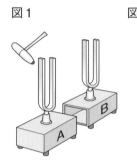　図2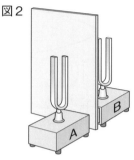

よく出る **2** 音の伝わり方について，あとの問いに答えなさい。　　　　　　4点×6〔24点〕

> **実験**　右の図のように，容器の中に音が出ているブザーと測定器を入れ，容器とポンプをつないだ。次に，容器の中の空気をポンプで少しずつぬいていき，測定器や音の聞こえ方を調べた。

(1) 容器の中の空気をぬく前，ブザーの音は聞こえるか。（　　　　　　　　　）

(2) 容器の中の空気をぬいていくと，容器の中の測定器の値はどうなるか。次のア〜ウから選びなさい。（　　）

　ア　最初の値に比べて，しばらくすると値が小さくなっていく。

　イ　最初の値に比べて，しばらくすると値が大きくなっていく。

　ウ　ほとんど変化しない。

(3) 容器の中の空気をぬいていくと，ブザーの音は，(1)のときと比べてどのように聞こえるか。（　　　　　　　　　）

(4) この実験から，容器の中のブザーの音を伝えているものは何であることがわかるか。（　　　　　　　　　）

(5) (4)以外に音を伝えることができるものはどれか。次のア〜ウからすべて選びなさい。

　ア　水　　イ　糸　　ウ　鉄の棒　　（　　　　　　　　　）

(6) 夏に理科室から花火を見たところ，花火が見えてから2.5秒後に音が聞こえた。音の速さを秒速340mとすると，理科室から花火までの距離は何mか。（　　　　　　　）

3 右の図の器具を使って，弦をはじいたときの音のようすを調べる実験を行った。これについて，次の問いに答えなさい。 4点×7〔28点〕

(1) 右の図の器具を何というか。
( )

(2) ㋐，㋑の弦をはじいたとき，高い音が出るのは a ～ d のどれか。それぞれ記号で答えなさい。
㋐( ) ㋑( )

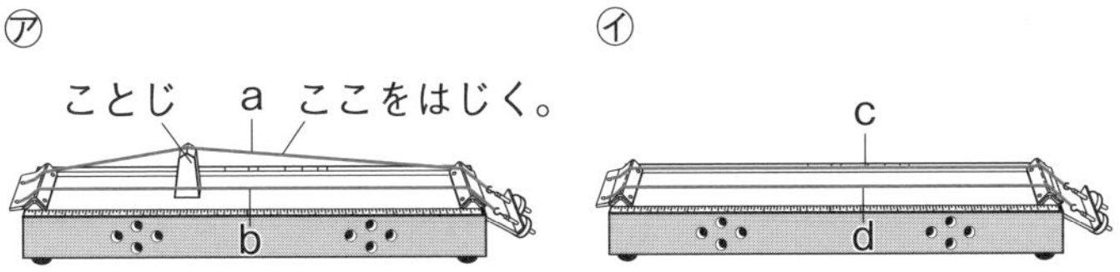

aは，ことじを使って弦を短くする。aとbの張る強さと太さは同じ。

dは，cより弦を強く張る。cとdの長さと太さは同じ。

(3) 弦の音を大きくするには，どのように弦をはじけばよいか。
( )

(4) 次の文の( )にあてはまる言葉を書きなさい。
①( ) ②( ) ③( )

> 弦の長さが(①)ほど，また，弦の張りが(②)ほど，弦をはじいたときの(③)が多くなり，高い音が出る。

よく出る **4** ある装置を使って，一定の条件で振動している弦の音のようすを調べる実験を行った。これについて，あとの問いに答えなさい。ただし，グラフの横軸は時間(秒)を，縦軸は振動のはばを表すものとする。 3点×8〔24点〕

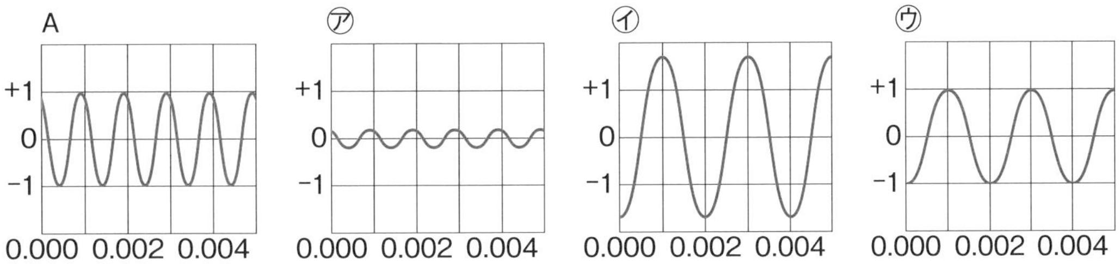

(1) 音源から出た音を，マイクロホンを通して画面に表す装置を何というか。
( )

(2) Aの波の高さが表しているような，振動のはばを何というか。 ( )

(3) ㋐～㋒のうち，Aと同じ大きさの音のようすを示したものはどれか。 ( )

(4) ㋐～㋒のうち，Aと同じ高さの音のようすを示したものはどれか。 ( )

(5) ㋐～㋒のうち，最も音が大きいものはどれか。 ( )

記述 (6) (5)のように考えた理由を書きなさい。
( )

(7) ㋐～㋒のうち，最も音が高いものはどれか。 ( )

記述 (8) (7)のように考えた理由を書きなさい。
( )

第3章　力の世界(1)

満点ミッション

①垂直抗力
面が垂直の向きに物体をおし返す力。

②弾性の力（弾性力）
力によって変形させられた物体がもとにもどろうとする力。

③摩擦力
物体が接する面で，運動の方向とは逆向きにはたらく力。

④重力
地球の中心に向かってはたらいている力。ばねばかりではかることができる。

⑤磁石の力（磁力）
図2のように，磁石どうしの間にはたらく力や，磁石と鉄が引き合う力。

⑥電気の力
かみの毛とこすり合わせた下じきに，かみの毛が引き寄せられる力。

テストに出る！ココが要点　解答 p.11

① 日常生活のなかの力　[教] p.172〜p.175

1 力のはたらき

(1)　力のはたらき

- 物体の形を変える。
  [例]ゴムボールを机におしつけると，ゴムボールの形が変わる。
- 物体の運動の状態を変える。
  [例]ボールをバットで打つと，ボールが来た方向とはちがう方向に飛んでいく。
- 物体を支える。
  [例]手のひらの上に筆箱をのせると，筆箱は下に落ちない。

(2)　いろいろな力

図1　●弾性●

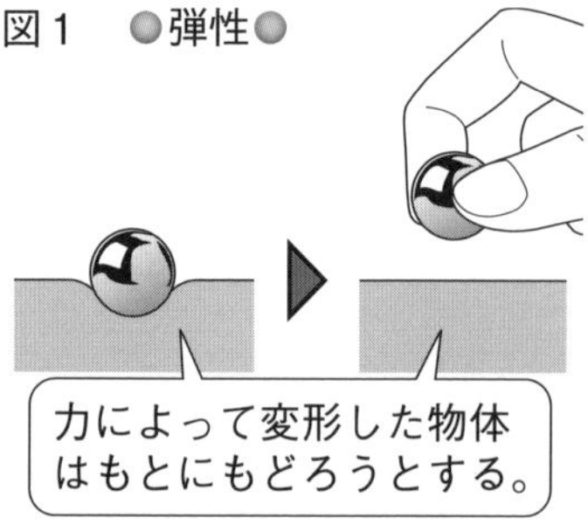

- (①　　　　　)
  …面が物体におされたとき，その力に逆らって面が垂直の向きに物体をおし返す力。
- (②　　　　　)
  …力によって変形させられた物体が，もとにもどろうとするときに，もとにもどる向きに生じる力。
- (③　　　　　)…物体が面に接しながら動くとき，面から物体にはたらく，運動をさまたげる向きにはたらく力。
- (④　　　　　)…地球上の全ての物体にはたらく，地球の中心に向かって引かれる力。
- (⑤　　　　　)
  …2つの磁石を近づけたときにはたらく，同じ極どうしは反発し合い，異なる極どうしは引き合う力。
- (⑥　　　　　)
  …電気による力。

図2

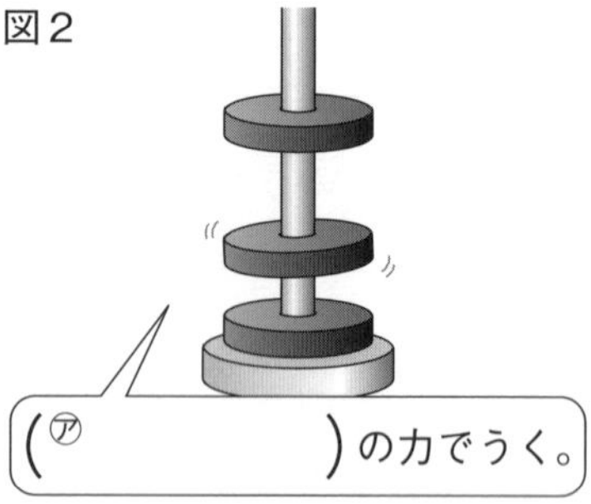

ココが要点の答えになります。

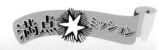

② 力のはかり方

[教] p.176〜p.179

1 力のはかり方

(1) 力の単位とはかり方　力の大きさの単位には，(⑦　　　　)(記号N)が使われる。1Nは100gの物体にはたらく重力(じゅうりょく)の大きさにほぼ等しい。

ばねに物体をつるすと，物体にはたらく重力によって，ばねはのびる。このときの物体にはたらく重力は，ばねを同じだけのばすためにばねを引く力と大きさが同じである。

(2) (⑧　　　　　　　)　ばねののびは，ばねを引く力の大きさに比例するという法則。ばねにおもりをつるし，ばねにはたらく力の大きさとばねののびの関係をグラフに表すと，グラフは，原点を通る直線になる。

図3

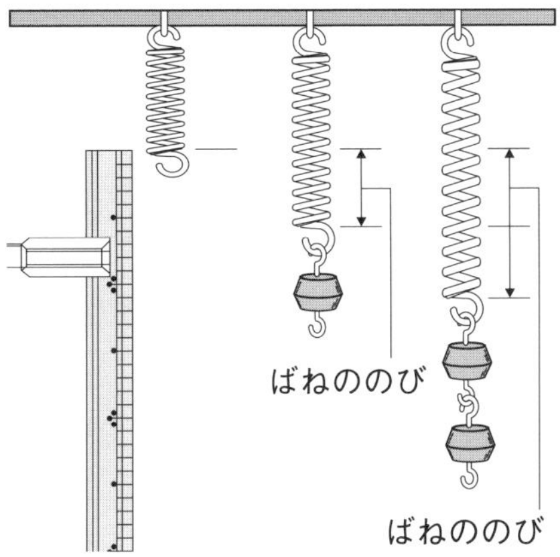

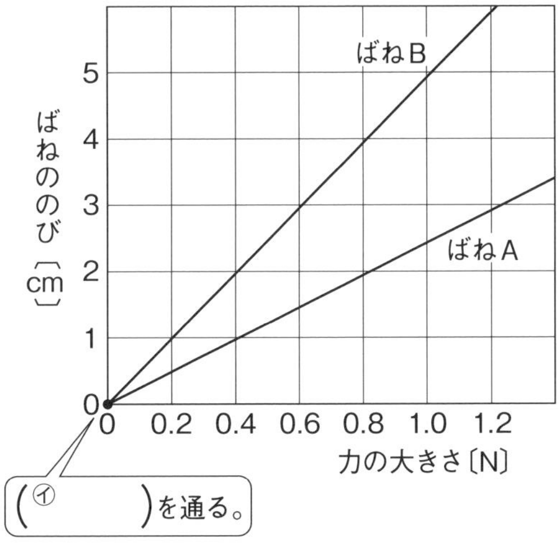

[例] 1Nの力を加えると，のびが5cmになるばねに3Nの力を加えると，ばねののびは何cmになるか。

5〔cm〕×3＝15〔cm〕

満点ミッション

⑦ニュートン
力の大きさの単位。1Nは，100gの物体にはたらく重力の大きさとほぼ同じ。

⑧フックの法則
図3のグラフのように，ばねののびは，ばねを引く力の大きさに比例するという関係。

ミス注意！
フックの法則では，「ばねの長さ」ではなく，**「ばねののび」**に注目する。

ポイント
グラフが㋑を通る直線で表されるとき，縦軸と横軸の値は比例の関係を表している。

テストに出る！

予想問題　第３章　力の世界(1)

30分

/100点

1 下の図は，いろいろな物体に力を加えたときのようすを表したものである。これについて，あとの問いに答えなさい。

6点×3〔18点〕

㋐　スポンジを押す。

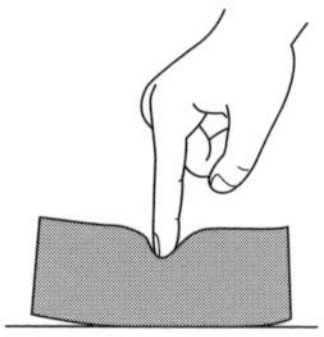

㋑　ボールをへこませる。

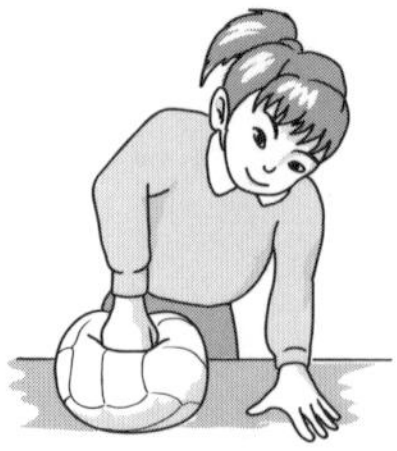

㋒　かたいボールを受ける。

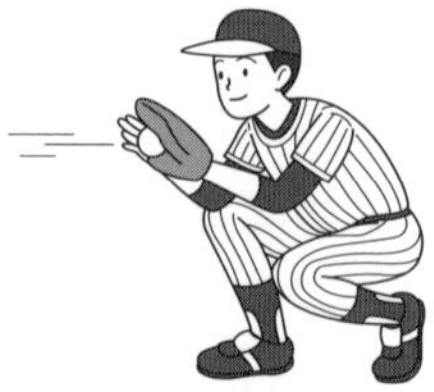

㋓　バーベルを支える。

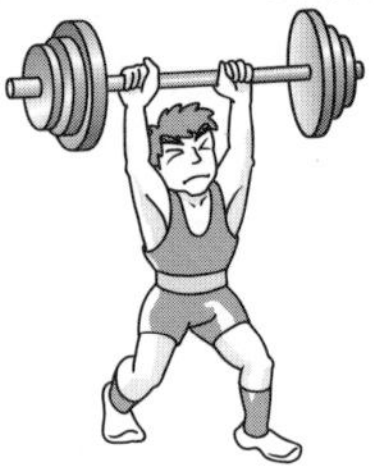

㋔　ボールを転がす。

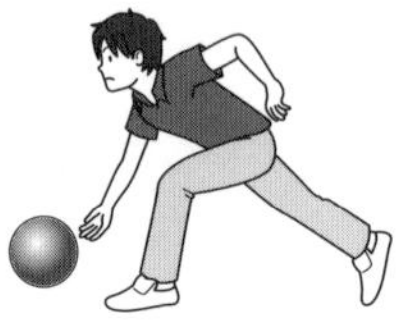

㋕　荷物をもつ。

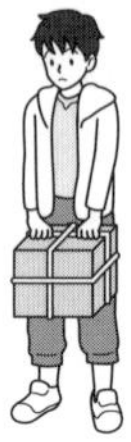

(1)　主に物体の形を変える力のはたらきを表しているのはどれか。㋐～㋕からすべて選び，記号で答えなさい。（　　　　　）

(2)　主に物体の運動の状態を変える力のはたらきを表しているのはどれか。㋐～㋕からすべて選び，記号で答えなさい。（　　　　　）

(3)　主に物体を支える力のはたらきを表しているのはどれか。㋐～㋕からすべて選び，記号で答えなさい。（　　　　　）

2 右の図１～３は，物体にはたらくさまざまな力を示している。これについて，次の問いに答えなさい。

5点×4〔20点〕

(1)　図１のビルが地面から受けている力を何というか。（　　　　　）

(2)　図２のように，スポンジが球をおし返してもとにもどろうとする力を何というか。（　　　　　）

(3)　図３のような自転車のブレーキでは，タイヤの運動をさまたげる力がはたらく。この力を何というか。（　　　　　）

(4)　(1)～(3)の力は，いずれも物体どうしがふれ合う場所ではたらいている。これらの力とは異なり，はなれた物体どうしでも力がはたらくことはあるか。（　　　　　）

図１

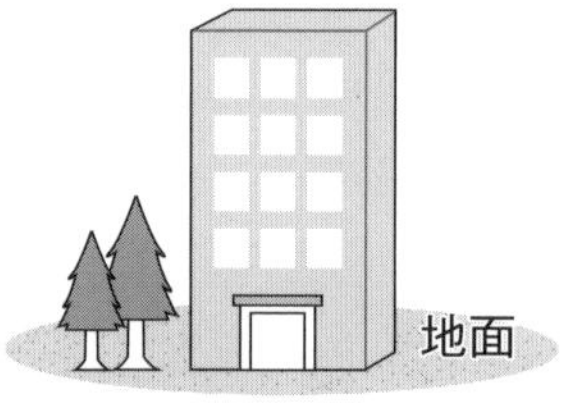

図２

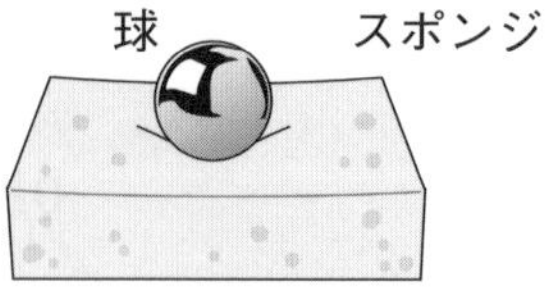

図３

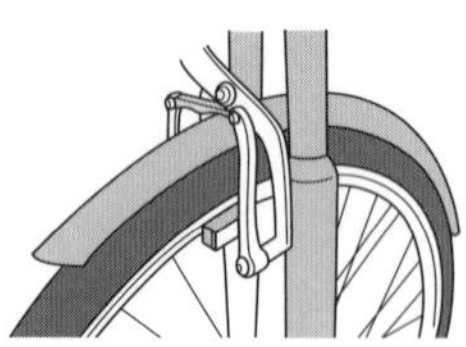

3 右の図のように，300gの物体をばねばかりＡにつるし
たとき，ばねばかりＡは，何Nを示すか。また，このとき
のばねばかりＡと同じのびになるように，ばねばかりＢを
手で引いた。手が引く力の大きさは，何Nか。ただし，
100gの物体にはたらく重力の大きさを１Nとする。

6点×2〔12点〕

ばねばかりＡが示す値（　　　　　　　　　）
手がばねを引く力の大きさ（　　　　　　　　　）

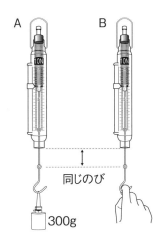

同じのび

300g

4 下の図1のように，ばねに１個20gのおもりをいくつかつるして，ばねののびを調べた。
下の表は，その結果である。これについて，あとの問いに答えなさい。ただし，100gの物
体にはたらく重力の大きさを１Nとする。

5点×10〔50点〕

図1

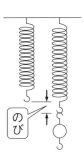

のび

おもりの数〔個〕	0	1	2	3	4	5
力の大きさ〔N〕	0	㋐	㋑	㋒	㋓	㋔
ばねののび〔cm〕	0	1.0	1.9	3.0	4.1	5.0

(1) 表の㋐～㋔にあてはまる力の大きさの値を答えなさい。

㋐（　　　　　　　） ㋑（　　　　　　　） ㋒（　　　　　　　）
㋓（　　　　　　　） ㋔（　　　　　　　）

(2) 図2に，このばねを引く力の大きさとば
ねののびとの関係を表すグラフをかきなさ
い。

図2

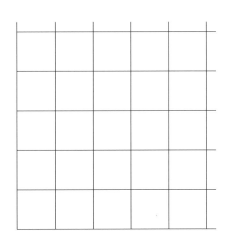

(3) ばねを引く力の大きさとばねののびには，
どのような関係があるか。

（　　　　　　　　　　　）

(4) (3)のような関係を何というか。

（　　　　　　　　　　　）

(5) このばねを1.2Nの力で引いたとき，ばね
ののびは何cmになるか。（　　　　　　　）

(6) このばねののびが3.5cmになったとき，
ばねを引く力の大きさは何Nか。

（　　　　　　　　　）

第３章　力の世界(2)

満点★ミッション

①質量
場所が変わっても変化しない，物質そのものの量。

ミス注意！
地球上と月面上のように場所が変わると，重力の大きさは変化するが，質量は場所が変わっても変化しない。

②作用点
図２の㋑。力がはたらく点。力の矢印の始点にする。

③力の向き
図２の㋒。力の矢印の向きで表す。

④力の大きさ
図２の㋐。力の矢印の長さで表す。

ポイント
力の矢印は，見やすさを考えて，図３のように少しずらしてかくこともある。

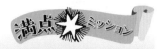

テストに出る！ ココが要点　解答 p.12

① 力の表し方　教 p.180〜p.181

1 力の表し方

(1)　重力と質量　重力の大きさは場所によって変わるが，(①　　　　)は場所が変わっても変化しない，物質そのものの量である。

- 重力と質量のはかり方と単位
  …重力はばねばかりではかることができる(単位はN)。質量は上皿てんびんではかることができる(単位はkgやg)。
- 月面上での重力と質量
  …月面上では，重力の大きさは地球上の約$\frac{1}{6}$である。質量は，地球上と同じである。

図１
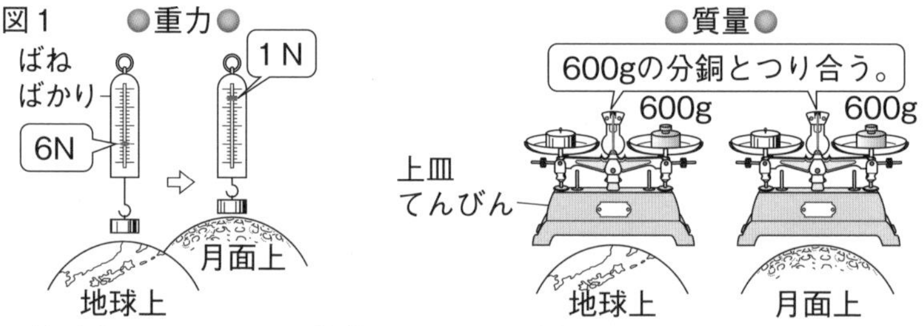

▲地球上にある100gの物体にはたらく重力の大きさを１Nとするとき

(2)　力の３つの要素
- (②　　　　)…力のはたらく点
- (③　　　　)…力がはたらく方向
- (④　　　　)…力の大きさを表す

(3)　力の表し方　力のはたらく点(作用点)を始点にして，矢印の向きを力の向きに，矢印の長さを力の大きさに比例した長さにする。

図２
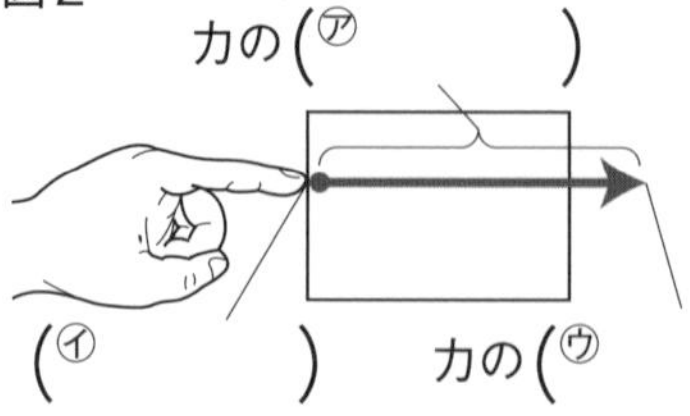

図３
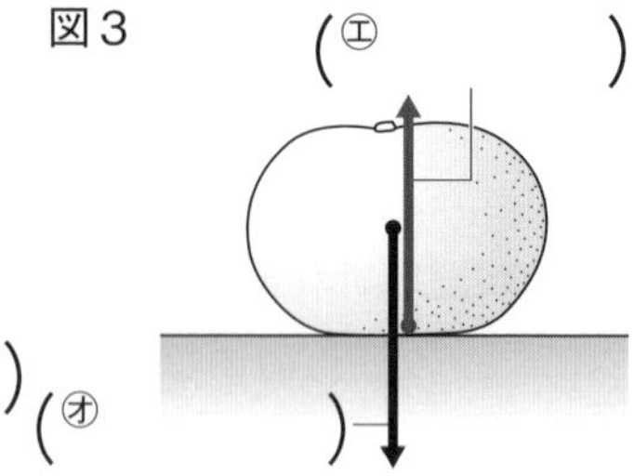

② 力のつり合い

教 p.182～p.184

1 力のつり合い

(1) **力のつり合い** 同じ物体に2つの力が同時にはたらいているが，物体が静止しているとき，2つの力は<u>つり合っている</u>という。

(2) **力のつり合いの条件**
❶2つの力が<u>一直線上</u>にある。
❷2つの力の<u>大きさ</u>が等しい。
❸2つの力の向きが<u>逆向き</u>である。

図4●力のつり合いの条件●

(3) **静止している物体にはたらく力**
静止している物体に2つの力がはたらいているのに，物体が動かないとき，物体にはたらく2つの力は<u>つり合っている</u>という。はたらく力がつり合わないとき，物体は静止状態を保つことができない。

例 台ばかりの上においた果物では，重力と(⑤　　　　　)がつり合っている。果物の重さが3Nのとき，垂直抗力は重力と同じ<u>3</u>Nで，重力とは逆の向きにはたらく。

図5●静止している物体にはたらく力の例●

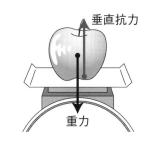
垂直抗力
重力

⑤**垂直抗力**
面が垂直の向きに物体をおし返す力。

物体にはたらく重力の大きさがわかれば，物体にはたらく垂直抗力の大きさもわかるよ。

(4) **いろいろな力のつり合い**
例 一直線上になるように，異なる向きに箱を引き合い，静止した場合，それぞれの箱を引く力がつり合っている。

例 ばねにおもりをつるした場合，おもりにはたらく重力とばねの<u>弾性の力（弾性力）</u>がつり合っている。

例 机の上に置いた箱に横向きの力を加えても箱が動かないとき，箱をおす力と箱と机の接する面にはたらく<u>摩擦力</u>がつり合っている。

図6●いろいろな力のつり合い●

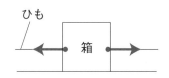
ひも　箱

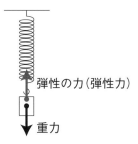
弾性の力（弾性力）
重力

第3章　力の世界(2)

⏱30分　　/100点

1 ある物体の質量をはかると，240gだった。この物体を，重力の大きさが地球の$\frac{1}{6}$である月面上でばねばかりにつるすと，何Nを示すか。ただし，100gの物体にはたらく重力の大きさを1Nとする。　〔7点〕

（　　　　　　　）

2 図1は，手が物体をおす力を矢印で表したものである。図2は，さまざまな物体にはたらく力を矢印で表そうとしたものである。これについて，次の問いに答えなさい。

5点×8〔40点〕

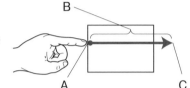

図1

(1)　図1のAの点，Bの矢印の長さ，Cの矢印の向きは，それぞれ力の何を表しているか。

A（　　　　　　）B（　　　　　　）C（　　　　　　）

作図 (2)　次の図2の①〜⑤の力を，図の作用点（•）に矢印でかきなさい。ただし，100gの物体にはたらく重力を1Nとし，1Nを0.5cmで表すものとする。

図2

①200gのリンゴにはたらく重力

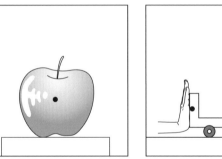

②静止した台車を右向きに3Nの力でおす力

③600gのボールを机が支える力

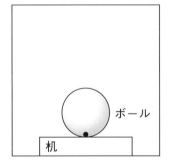

④400gの電灯を天井が支える力

⑤物体を3Nの力で引いても動かないときの摩擦力

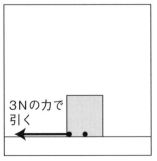

よく出る 3 下の図のように，厚紙につけた2つのばねばかりA，Bを両側に引いたところ，ある位置で厚紙が静止した。これについて，あとの問いに答えなさい。 6点×3〔18点〕

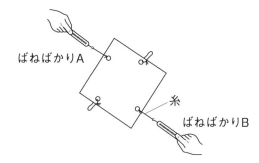

ばねばかりA

糸

ばねばかりB

(1) 厚紙が静止したとき，ばねばかりAは3Nを示していた。ばねばかりBの示している値は何Nか。次のア〜ウから選びなさい。 ( )

ア 3N　　イ 3Nより大きい。

ウ 3Nより小さい。

(2) 厚紙が静止したとき，2本の糸の位置関係はどうなっているか。

(   )

(3) 物体にはたらく2力がつり合っているとき，2力の向きはどうなっているか。

(   )

4 次の図の①〜⑦について，2力がつり合っているものには○，つり合っていないものには×をそれぞれ書きなさい。 5点×7〔35点〕

① (   )

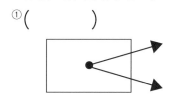

② (   )

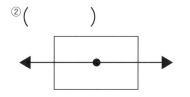

③ (   )

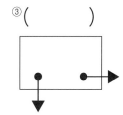

④ (   )

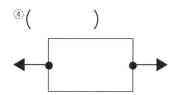

⑤ (   )

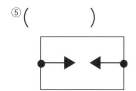

⑥ (   )

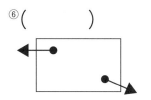

⑦ (   )

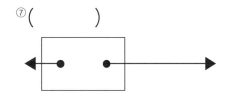

第1章　火をふく大地

①マグマ
地球内部の熱によって，地下の岩石がとけたもの。

②溶岩（ようがん）
マグマが地表に現れた物。

ポイント
マグマなどが地表にふき出してできた山を，火山という。

③火山噴出物（かざんふんしゅつぶつ）
図2。噴火によってふき出された，マグマがもとになったもの。

④鉱物（こうぶつ）
マグマが冷えてできた粒のうち，結晶になったもの。

⑤無色鉱物
鉱物のうち，無色や白っぽい色のもの。

⑥有色鉱物
鉱物のうち，黒色や褐色（かっしょく），緑褐色（りょくかっしょく）など，色がついているもの。

テストに出る！　ココが要点　　解答 p.13

① 火山の姿からわかること　　教 p.200〜p.201

1 火山の姿

(1) マグマと火山

- (① 　　　)…地球内部の熱によって，地下の岩石がとけてできたもの。マグマが地表付近に上昇して，なかにふくまれる水などが発泡（はっぽう）して地表付近の岩石をふき飛ばして噴火（ふんか）が始まる。

- (② 　　　)…マグマが地表に流れ出たもの。

(2) マグマと火山の形

図1

火山の形	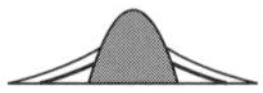		
マグマのねばりけ	(⑦ 　　) ←──────→		(⑥ 　　)
溶岩の色	(⑦ 　)っぽい ←──────→		(④ 　)っぽい

② 火山がうみ出す物　　教 p.202〜p.205

1 火山がうみ出す物

(1) (③ 　　　) 溶岩，火山灰（かざんばい），火山弾（かざんだん），火山ガスなど。

(2) 火山灰にふくまれる物　マグマが冷えて結晶になったものを (④ 　　　) という。無色や白っぽい色のものを (⑤ 　　　)，黒色や褐色（かっしょく）など色がついたものを (⑥ 　　　) という。

図2　火山灰　火山ガス　火山弾　溶岩　マグマ

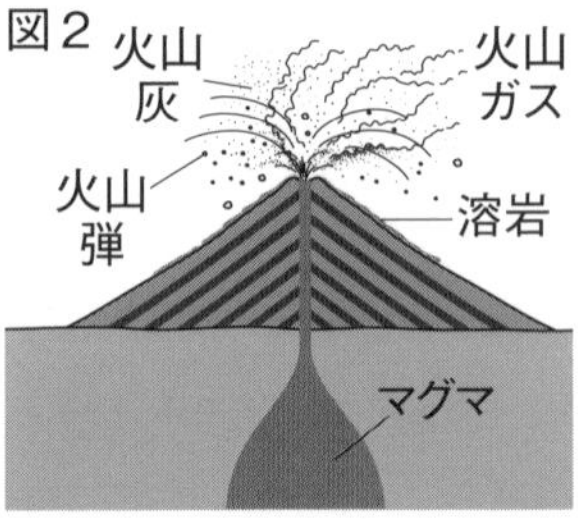

図3

無色鉱物	(⑦ 　　　)	長石（ちょうせき）		
	不規則に割れる。	決まった方向に割れる。		
有色鉱物	(⑦ 　　　)	角セン石（かくせんせき）	輝石（きせき）	カンラン石　磁鉄鉱（じてっこう）
	決まった方向にうすくはがれる。	長い柱状。	短い柱状。	不規則な形。　磁石につく。

③ 火山活動と岩石，災害とめぐみ

[教] p.206～p.211

1 マグマがつくる岩石

(1) マグマがつくる岩石

- (⑦　　　　)…マグマが冷え固まった岩石。
- (⑧　　　　)…マグマが地表や地表付近で短い時間で冷え固まった火成岩。
- (⑨　　　　)…マグマが地下の深いところで長い時間をかけて冷え固まった火成岩。

(2) 火成岩のつくり

- (⑩　　　　)…火山岩のつくり。形がわからないほど小さな鉱物の集まりやガラス質の部分の(⑪　　　　)の間に比較的大きな黒色や白色の鉱物の(⑫　　　　)が見える。
- (⑬　　　　)…深成岩のつくり。石基の部分がなく，大きい鉱物が集まってできている。

図4

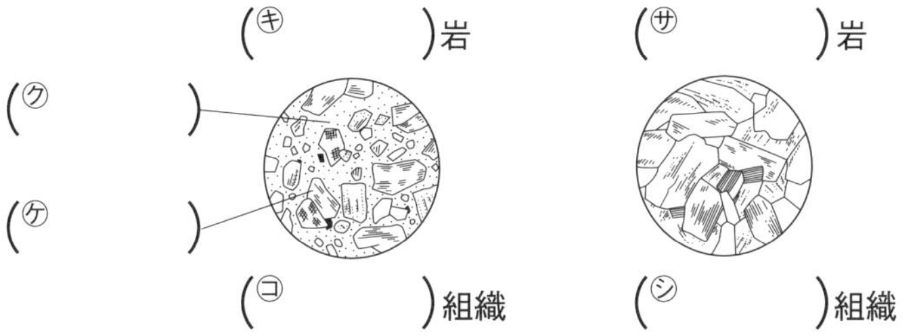

(㋖　　　　)岩
(㋚　　　　)岩
(㋗　　　　)
(㋘　　　　)
(㋙　　　　)組織
(㋛　　　　)組織

(3) 火成岩の分類

図5●岩石にふくまれる鉱物の割合●

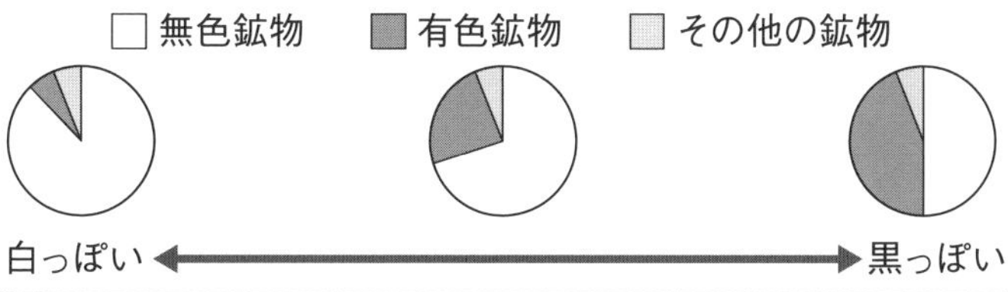

無色鉱物
有色鉱物
その他の鉱物
白っぽい
黒っぽい

火山岩	流紋岩	安山岩	(㋜　　　　)
深成岩	(㋝　　　　)	せん緑岩	はんれい岩

2 火山による災害とめぐみ

(1) 火山の噴火による災害と備え　火砕流や火山灰，火山弾，溶岩による火災など。過去の記録などをもとにして災害の予測をたて，地図上にまとめたものを(⑭　　　　　　)という。

(2) 火山によるめぐみ　温泉，地熱を利用した地熱発電，わき水，カルデラ湖などの美しい風景など。

満点★ミッション

⑦火成岩
マグマが冷え固まった岩石。

⑧火山岩
図4の左。マグマが，地表や地表付近で，短い時間で冷え固まった火成岩。

⑨深成岩
図4の右。マグマが，地下深いところでゆっくりと冷え固まった火成岩。

⑩斑状組織
火山岩のつくり。

⑪石基
図4の㋗。火山岩の組織のうち，急激に冷えたために，大きな鉱物になれなかった小さな鉱物やガラス質の部分。

⑫斑晶
図4の㋘。火山岩のつくりのうち，比較的大きな結晶になった部分。

⑬等粒状組織
同じくらいの鉱物が集まってできた，深成岩のつくり。

⑭ハザードマップ
災害に備えて，過去の噴火記録などをもとにしてつくった災害の予測地図。

予想問題　第1章　火をふく大地

⏱30分

/100点

よく出る ① 下の図は，形の異なる火山の断面の模式図である。これについて，あとの問いに答えなさい。

3点×6〔18点〕

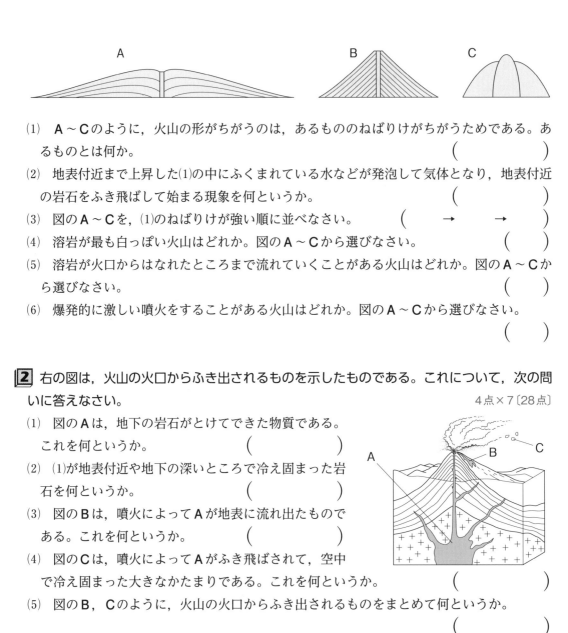

(1) A～Cのように，火山の形がちがうのは，あるもののねばりけがちがうためである。あるものとは何か。（　　　　　　）

(2) 地表付近まで上昇した(1)の中にふくまれている水などが発泡して気体となり，地表付近の岩石をふき飛ばして始まる現象を何というか。（　　　　　　）

(3) 図のA～Cを，(1)のねばりけが強い順に並べなさい。（　　　→　　　→　　　）

(4) 溶岩が最も白っぽい火山はどれか。図のA～Cから選びなさい。（　　　　）

(5) 溶岩が火口からはなれたところまで流れていくことがある火山はどれか。図のA～Cから選びなさい。（　　　　）

(6) 爆発的に激しい噴火をすることがある火山はどれか。図のA～Cから選びなさい。（　　　　）

② 右の図は，火山の火口からふき出されるものを示したものである。これについて，次の問いに答えなさい。

4点×7〔28点〕

(1) 図のAは，地下の岩石がとけてできた物質である。これを何というか。（　　　　　　）

(2) (1)が地表付近や地下の深いところで冷え固まった岩石を何というか。（　　　　　　）

(3) 図のBは，噴火によってAが地表に流れ出たものである。これを何というか。（　　　　　　）

(4) 図のCは，噴火によってAがふき飛ばされて，空中で冷え固まった大きなかたまりである。これを何というか。（　　　　　　）

(5) 図のB，Cのように，火山の火口からふき出されるものをまとめて何というか。（　　　　　　）

(6) 図のような火口からふき出されるもののうち，細かい粒のため，上空の風に運ばれて広い範囲に降り，地層をつくるものを何というか。（　　　　　　）

(7) 火山が噴火すると，周辺の地域にさまざまな災害がもたらされるリスクがある。このような災害の予測をまとめた地図を何というか。（　　　　　　）

3 下の図は，さまざまな鉱物のスケッチである。あとの問いに答えなさい。　3点×6〔18点〕

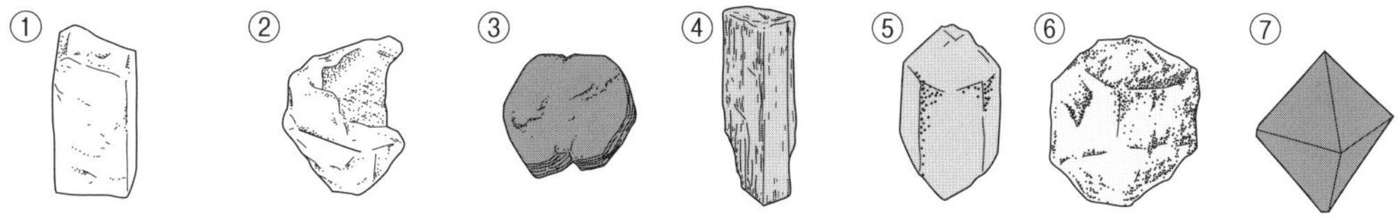

① 白色か半透明。決まった方向に割れる。
② 無色か透明。不規則に割れる。
③ 黒色。うすくはがれる。
④ 暗褐色(あんかっしょく)または緑黒色。長い柱状。
⑤ 暗緑色。短い柱状。
⑥ 緑褐色〜茶褐色。不規則な形。
⑦ 黒色で不透明。磁石につく。

(1) 上の①〜③の鉱物を何というか。次の**ア**〜**オ**からそれぞれ選びなさい。
①(　　) ②(　　) ③(　　)
ア 黒雲母(くろうんも)　**イ** 長石　**ウ** 輝石　**エ** 石英(せきえい)　**オ** 角セン石
(2) ①，②のような色をした鉱物を何というか。(　　　　)
(3) 次の**ア**〜**ウ**のうち，①，②の鉱物の割合が最も多いものはどれか。(　　)
ア 花こう岩　**イ** せん緑岩　**ウ** はんれい岩
(4) ③〜⑦のような色をした鉱物を何というか。(　　　　)

[よく出る] **4** 右の図1，2は，火成岩の表面をルーペで観察してスケッチしたものである。これについて，次の問いに答えなさい。　3点×12〔36点〕

図1

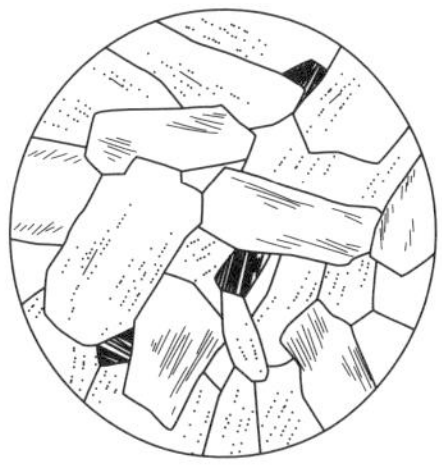

図2

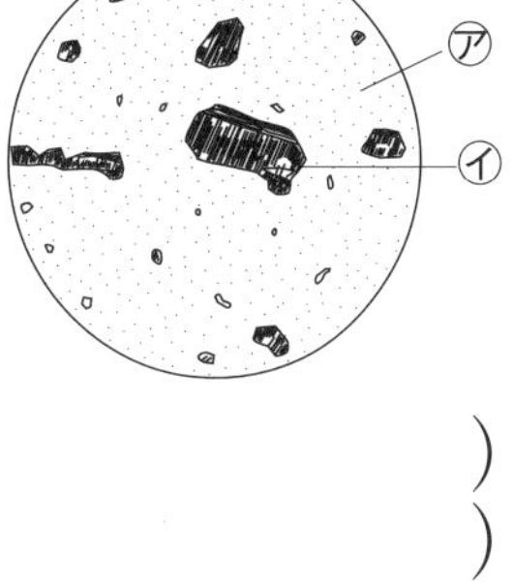

(1) 図1，2のようなつくりをそれぞれ何というか。
図1(　　　　)
図2(　　　　)
(2) 図2にふくまれる㋐，㋑の部分をそれぞれ何というか。
㋐(　　　　) ㋑(　　　　)
(3) 図1，2の岩石ができた場所について，それぞれ書きなさい。
図1(　　　　　　　　)
図2(　　　　　　　　)
[記述] (4) 図1，2の岩石ができたとき，マグマがどのようにして固まったか，それぞれ書きなさい。
図1(　　　　　　　　　　　　)
図2(　　　　　　　　　　　　)
(5) 図1，2のつくりをもつ火成岩を，それぞれ何というか。
図1(　　　　) 図2(　　　　)
(6) 図1，2のつくりをもつ岩石はどれか。次の**ア**〜**カ**からそれぞれすべて選びなさい。
図1(　　　　) 図2(　　　　)
ア 流紋岩　**イ** せん緑岩　**ウ** 玄武岩(げんぶがん)
エ 花こう岩　**オ** はんれい岩　**カ** 安山岩

第２章　動き続ける大地

満点ミッション

①震源
図１の㋑。
②震央
図１の㋐。
③震度（しんど）
地震のゆれの大きさ。０～７（５と６は強と弱の２段階）の10段階に分けられている。
④初期微動
図２の㋒のゆれ。
⑤主要動（しゅようどう）
図２の㋓のゆれ。
⑥初期微動継続時間（しょきびどうけいぞくじかん）
④のゆれがきてから⑤のゆれがくるまでの時間。
⑦P波
初期微動を伝える波。Primary wave（最初にくる波）。
⑧S波
主要動を伝える波。Secondary wave（２番目にくる波）。
⑨マグニチュード
地震の規模の表し方。

テストに出る！ ココが要点　解答 p.14

① 地震（じしん）のゆれの伝わり方　教 p.214～p.217

1 地震

(1) 地震のゆれの大きさと記録

- (①)…地震が発生した場所。
- (②)…震源（しんげん）の真上の地点。
- (③)…地震によるゆれの大きさ。10段階で表す。
- (④)…初めにくる，小さく小刻みなゆれ。
- (⑤)…初期微動（しょきびどう）の後からくる，大きなゆれ。
- (⑥)…初期微動が始まってから，主要動が始まるまでの時間。

図１
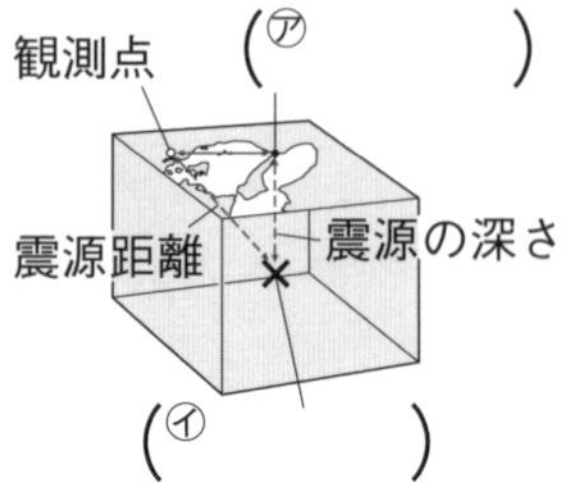

観測点
(㋐)
震源距離
震源の深さ
(㋑)

図２
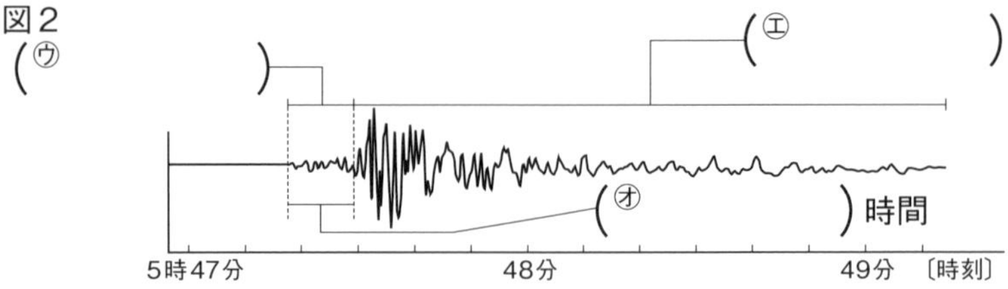

(㋒)
(㋓)
(㋔)時間
5時47分
48分
49分
〔時刻〕

(2) 地震の波と規模

- (⑦)…初期微動を伝える波。
- (⑧)…主要動を伝える波。
- (⑨)…地震の規模（エネルギーの大きさ）を表す（記号：M）。値が１大きいと，エネルギーは約30倍になる。

図３
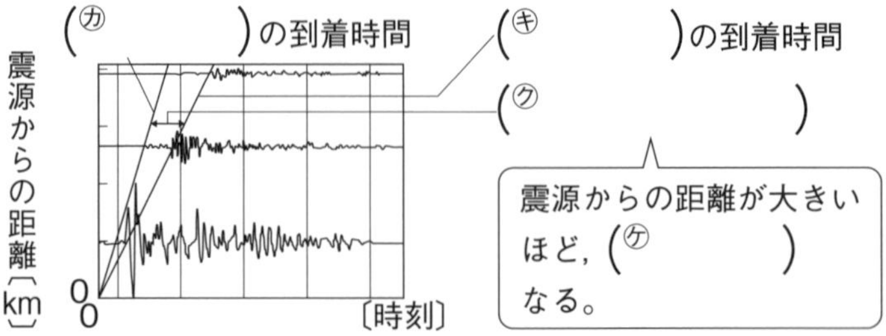

(㋕)の到着時間
(㋖)の到着時間
(㋗)
震源からの距離〔km〕
0
0
〔時刻〕
震源からの距離が大きいほど，(㋘)なる。

ココが要点の答えになります。

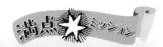

② 地震が起こるところ　教 p.218〜p.221

満点★ミッション

1 地震が起こるしくみ

(1)　(⑩　　　　　　　)

地球の表面をおおう，厚さ100kmほどの岩盤。

(2)　(⑪　　　　　　　)

地層や岩盤に力が加わり，岩盤が破壊されて生じる地層や岩盤のずれ。このずれが生じるとき地震が発生する。

図4

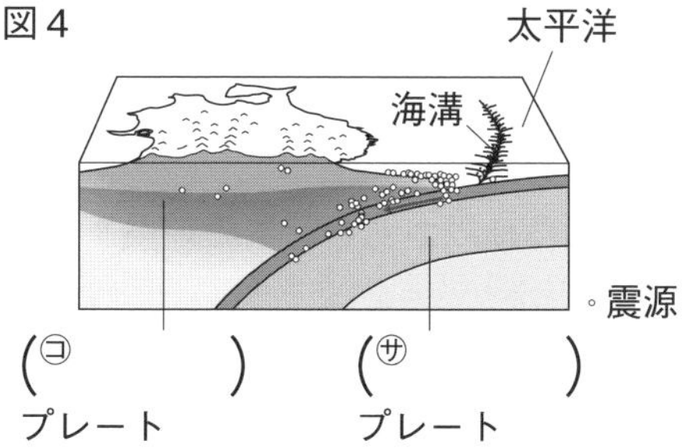

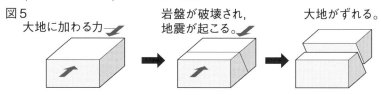

太平洋
海溝
・震源
(㋙　　　　)　(㋚　　　　　)
プレート　　プレート

(3)　陸のプレート内部で起こる地震

● (⑫　　　　　　)…再びずれる可能性がある断層のこと。

● (⑬　　　　　　)…陸の活断層のずれによる地震。

図5

大地に加わる力　　　　　　岩盤が破壊され，地震が起こる。　　　　　　大地がずれる。

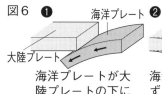 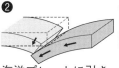 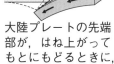

(4)　プレートの境界で起こる地震

● (⑭　　　　　　)…海洋プレートが大陸プレートの下にしずみこみ，大陸プレートを引きずって生じたひずみが限界に達し，大陸プレートの先端部がはね上がって起こる。

図6

❶ 海洋プレートが大陸プレートの下にしずみこむ。

❷ 海洋プレートに引きずられて，大陸プレートの先端部が引きずりこまれる。

❸ 大陸プレートの先端部が，はね上がってもとにもどるときに，地震が起こる。

海洋プレート
大陸プレート

③ 地震に備える　教 p.222〜p.223

1 地震による災害

(1)　地震による大地の変化

● 隆起…地震により，大地がもち上がること。

● 沈降…地震により，大地がしずみこむこと。

(2)　地震による災害

● (⑮　　　　　　)…地震で海底の地形が急激に変化し，その上にある海水の動きによって発生する波。

---

⑩ プレート
地球の表面をおおう岩盤。日本付近には4つあり，たがいに少しずつ動いている。

⑪ 断層
図5のようにして生じる，地層のずれ。

⑫ 活断層
くり返しずれる可能性がある，地下の浅いところで起きた地震でできた断層。

⑬ 内陸型地震
活断層がずれることで起こる地震。

⑭ 海溝型地震
大陸プレートの下に海洋プレートがしずみこみ，海洋プレートに引きずりこまれた大陸プレートの先端部がもとにもどろうとするときに起こる地震。

⑮ 津波
地震による海底の地形の急激な変化によって発生する波。大きな被害をもたらすことがある。

テストに出る！
予想問題　第2章　動き続ける大地

⏰ 30分

/100点

1 右の図は，地震の発生地点と，地震のゆれを記録した観測点を示したものである。これについて，次の問いに答えなさい。

3点×7〔21点〕

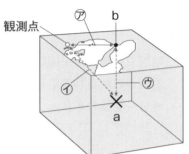

(1) 図のaは，地震が発生した地点である。この地点を何というか。　　　（　　　　　　　）

(2) 図のbは，(1)の真上の地点である。この地点を何というか。　　　（　　　　　　　）

(3) 震源距離を表しているものを，図の⑦〜⑦から選びなさい。　　　（　　　）

(4) 次の文は，地震のゆれや規模の表し方について述べたものである。（　）にあてはまる言葉や数値を書きなさい。

①（　　　　　　　） ②（　　　　　　　）
③（　　　　　　　） ④（　　　　　　　）

観測点における地震によるゆれの大きさを（ ① ）といい，ゆれの程度から（ ② ）段階に分かれている。また，地震の規模は（ ③ ）で表され，この値が大きいほどゆれる範囲が（ ④ ）くなる。

よく出る **2** 右の図は，ある地震のゆれをA〜Dの4つの地点で地震計によって記録したものである。Aだけは，時刻と震源からの距離を示している。これについて，次の問いに答えなさい。

3点×9〔27点〕

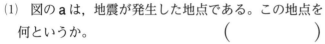
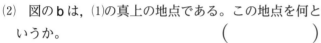
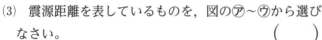

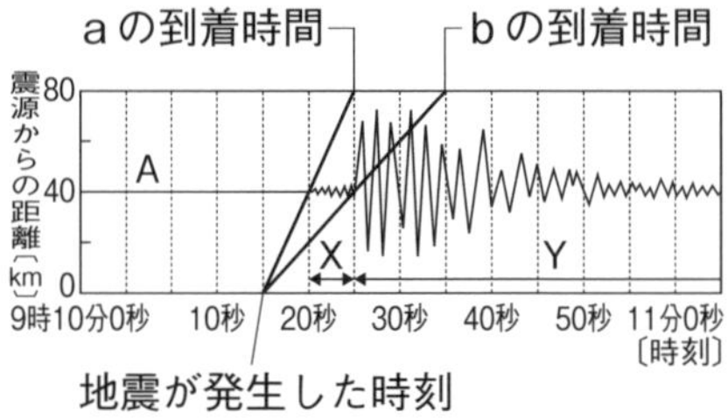

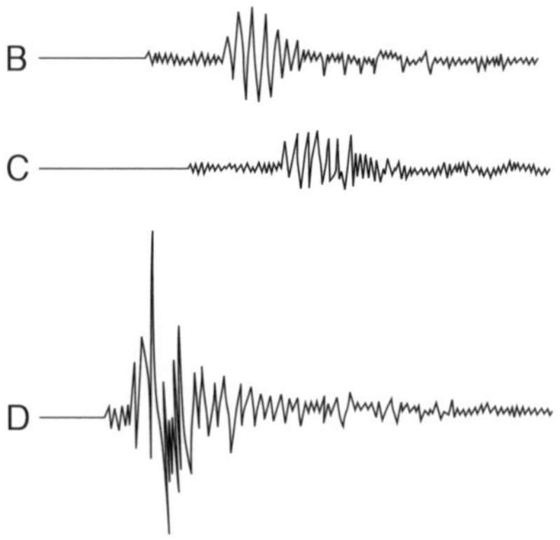

aの到着時間　bの到着時間

地震が発生した時刻

(1) AのX，Yのゆれと，それを伝える波a，bをそれぞれ何というか。

X（　　　　　　） Y（　　　　　　）
a（　　　　　　） b（　　　　　　）

記述 (2) a，bの到着時刻に差があるのはなぜか。

（　　　　　　　　　　　　　　　　　　　　）

(3) aの波が到着してからbの波が到着するまでの時間を何というか。　　　（　　　　　　　）

(4) aとbの波は，1秒間に何km伝わるか。

a（　　　　　　） b（　　　　　　）

(5) B〜Dの地点を震源からの距離が近い順に並べなさい。　　　（　　　→　　　→　　　）

3 右の図は，日本列島の地下の断面を模式的に示したものである。これについて，次の問い
に答えなさい。　　　　　　　　　　　　　　　　　　　　　　　　4点×7〔28点〕

(1) 図のAは海底で深く溝のようになっている部分である。Aを何というか。
（　　　　　）

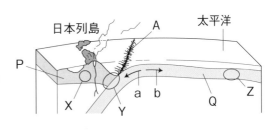

(2) 図のa，bの矢印のうち，プレートの動く向きを正しく表しているのはどちらか。
（　　）

(3) 図のP，Qのうち，海洋プレートを示したものはどちらか。　　　（　　）

(4) 図のX，Y，Zのうち，震源が最も多く分布しているところはどこか。記号で答えなさい。
（　　）

(5) プレートの境界で起こる地震について，震源の深さが浅いのは，太平洋側と日本列島の下のどちらか。
（　　　　　）

(6) 日本列島付近にはいくつのプレートが集まっているか。　　　（　　　　　）

(7) 地下の浅いところで，くり返しずれが生じる可能性がある断層を何というか。
（　　　　　）

4 下の図は，プレートの境界で起こる地震のしくみを示したものである。これについて，あ
との問いに答えなさい。　　　　　　　　　　　　　　　　　　　4点×6〔24点〕

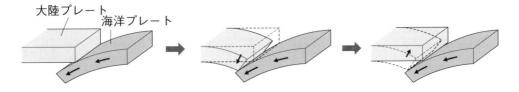

(1) 次の文は，図の地震が起こるしくみについてまとめたものである。①，②にはプレート
の名前を，③にはあてはまる言葉を書きなさい。
①（　　　　　）②（　　　　　）③（　　　　　）

> 日本列島付近のプレートの境界では，（①）の下に（②）がしずみこんでいて，この
> ときに（①）を地下に引きずるため，（①）がひずむ。このひずみが限界になると，
> （①）の先端部が急激に（③），大地震が起こる。

(2) (1)のようなしくみで起こる地震を何というか。　　　（　　　　　）

(3) 地下の岩盤に力が加わり，岩盤が破壊されて生じたずれを何というか。
（　　　　　）

(4) 地震によって海底の地形が大きく変動し，それにより発生した海面の盛り上がりやしず
みこみによって大きなエネルギーをもつ波が海岸におし寄せ，大きな被害を起こすことが
ある。このような波を何というか。
（　　　　　）

第3章　地層から読みとる大地の変化

満点★ミッション

①地層
長い時間をかけて，土砂などが積み重なってできたもの。

②風化（ふうか）
かたい岩石が，気温の変化や風雨のはたらきによってもろくなること。

③侵食（しんしょく）
かたい岩石が水のはたらきなどによってけずられること。

④運搬（うんぱん）
れきや砂などが川などの水のはたらきで下流に運ばれること。

⑤堆積（たいせき）
れきや砂などが水の流れのゆるやかなところにたまること。

⑥堆積岩
水のはたらきで運ばれた土砂などが，長い年月をかけておし固められてできた岩石。

テストに出る！ ココが要点 解答 p.15

① 地層（ちそう）のつくりとはたらき

[教] p.226～p.227

1 地層のでき方

(1) (① 　　　　) 堆積物（たいせきぶつ）が長い年月をかけ積み重なったもの。

(2) 地層をつくるはたらき

- (② 　　　　)…かたい岩石が，気温の変化や風雨のはたらきでもろくなること。
- (③ 　　　　)…かたい岩石がけずられること。
- (④ 　　　　)…れきや砂などが，川などの水の流れによって，下流に運ばれること。
- (⑤ 　　　　)…れきや砂などが水の流れのゆるやかになったところにたまること。

図1

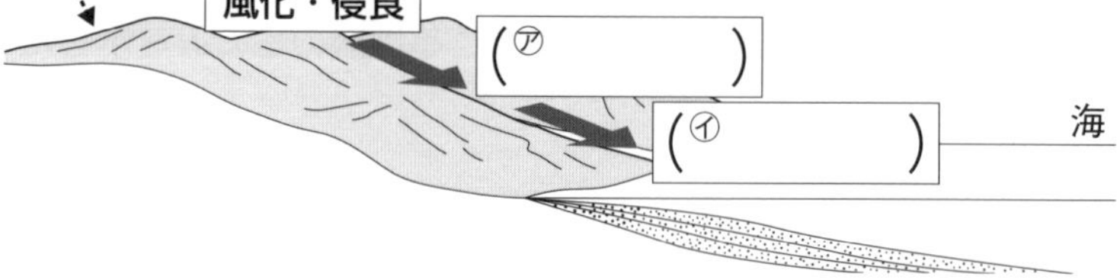

② 堆積岩（たいせきがん）

[教] p.228～p.231

1 堆積岩の種類

(1) (⑥ 　　　　) 堆積物が長い年月をかけておし固められてできた岩石。

図2

堆積岩	れき岩	砂岩（さがん）	泥岩（でいがん）	(㋒ 　　　)
ふくまれているもの	れき	砂	泥	火山灰など
特　徴	粒の大きさ 2mm以上	粒の大きさ 2mm～$\frac{1}{16}$(約0.06)mm	粒の大きさ $\frac{1}{16}$(約0.06)mm以下	角ばっている。

堆積岩	石灰岩（せっかいがん）	(㋓ 　　　)
ふくまれているもの	貝殻やサンゴなど	小さな生物の殻
特　徴	うすい塩酸をかけると(㋔ 　　　)が発生する。	鉄のハンマーでたたくと火花が出る。うすい塩酸をかけてもとけない。

ココが要点の答えになります。

③ 地層や化石からわかること

[教] p.232～p.235

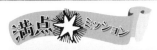

1 地層や化石からわかること

(1) 地層から読みとる環境の変化

- 地層の新しさ…下の地層ほど古く，上の地層ほど新しい。
- (⑦　　　　)の地層…火山が噴火したことがわかる。

(2) (⑧　　　　) 地層が堆積した当時の環境を知ることができる化石。 [例]サンゴのなかま(あたたかくて浅い海)
シジミのなかま(河口や湖)

(3) (⑨　　　　) 地層が堆積した年代(地質年代)を知ることができる化石。ある時期にだけ栄え，広い範囲にすんでいた生物の化石。

[例]フズリナやサンヨウチュウ(古生代)，アンモナイト(中生代)，ビカリア，ナウマンゾウ(新生代)

図3　サンヨウチュウ　アンモナイト　ビカリア

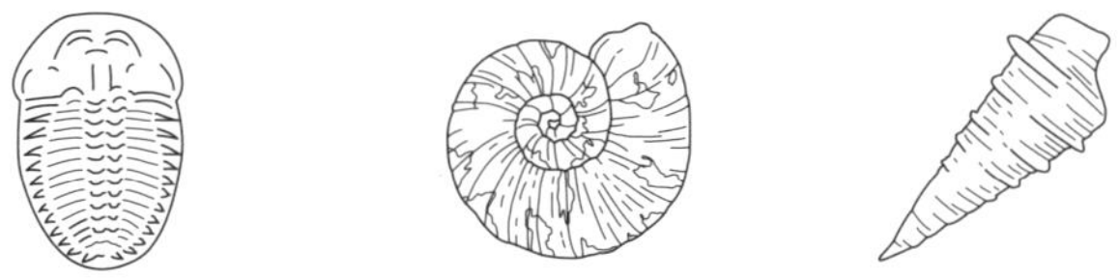

④ 大地の変動，身近な大地の歴史

[教] p.236～p.240

1 大地の変動

(1) (⑩　　　　) 地層をおし縮める大きな力がはたらいてできた，地層の曲がり。

図4

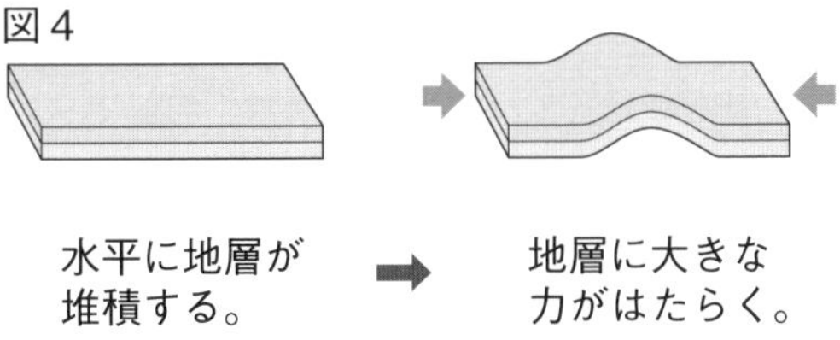
水平に地層が
堆積する。
地層に大きな
力がはたらく。

2 大地の歴史を調べる

(1) (⑪　　　　) ある地点の地層の特徴や重なり方を，模式的に表したもの。ボーリング試料などを使ってつくる。異なる地域の試料で地層が同じ順序で重なっていれば，地層が連続しているとわかる。

図5

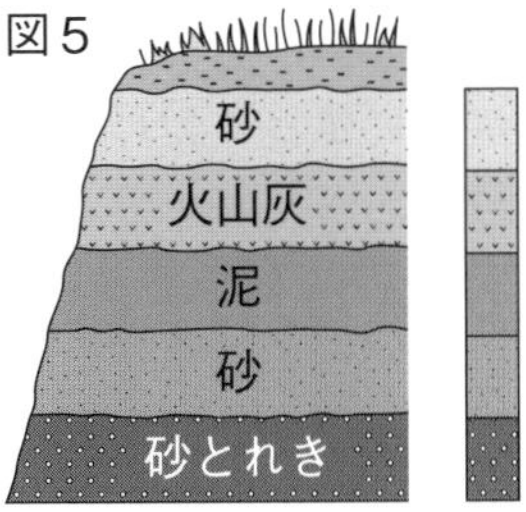
砂
火山灰
泥
砂
砂とれき

満点★ミッション

⑦凝灰岩(ぎょうかいがん)
火山灰などが堆積して，固まってできた岩石。

⑧示相化石(しそうかせき)
地層が堆積した当時の環境を知ることができる化石。

⑨示準化石(しじゅんかせき)
地層が堆積した年代を知ることができる化石。

ポイント
地質年代は，生物の移り変わりを基準にして決めた年代で，古い時代から順に古生代，中生代，新生代に分けられる。

⑩しゅう曲(きょく)
図4のようにしてできた，地層の曲がり。

⑪柱状図(ちゅうじょうず)
露頭(ろとう)やボーリング試料などを使って，地層のようすを模式的に表したもの。ほかの場所の地層と比較するのに便利である。

解答 p.15

テストに出る！
予想問題　第3章　地層から読みとる大地の変化－①

30分
/100点

1 右の図は，地層のでき方を模式的に表したものである。これについて，次の問いに答えなさい。
3点×5〔15点〕

(1) 図の海底の堆積物は，A地表の岩石が気温の変化や風雨などのはたらきによって，長い年月をかけてもろくなり，流水のはたらきによってけずられ，B川などの水によって土砂が流されたものである。

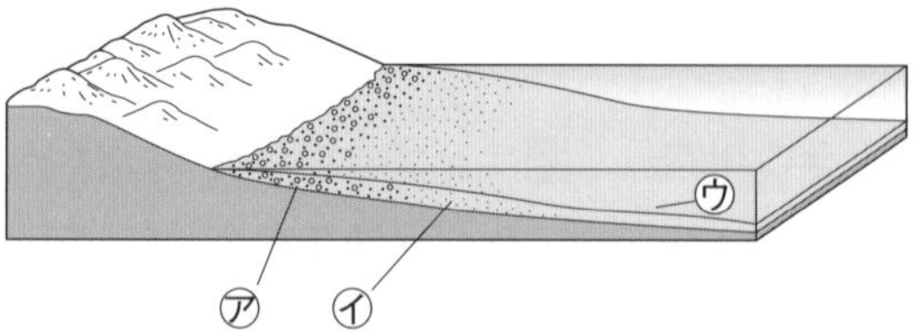

① 下線部Aの現象や下線部Bの水のはたらきをそれぞれ何というか。
A(　　　　　)　B(　　　　　)

[記述] ② 川などの水によって流されたものは，水の流れがどのような場所で堆積するか。
(　　　　　)

(2) 図の㋐～㋒の場所の堆積物のうち，粒の大きさが最も小さいものはどれか。(　　)

[記述] (3) (2)の場所に粒の大きさが最も小さい堆積物が堆積するのはなぜか。
(　　　　　)

よく出る **2** 下の図は，地層から採取した岩石をスケッチしたものである。これについて，あとの問いに答えなさい。
2点×10〔20点〕

A	B	C	D	E	F
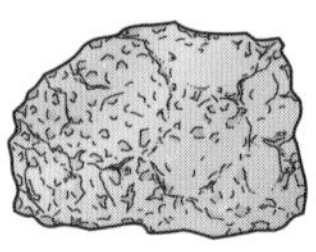	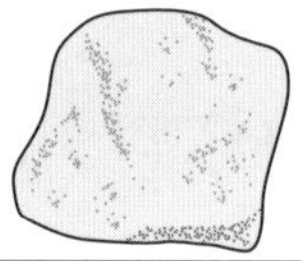	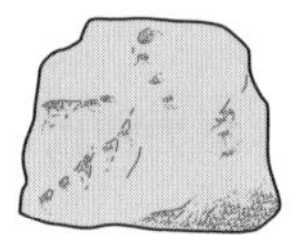	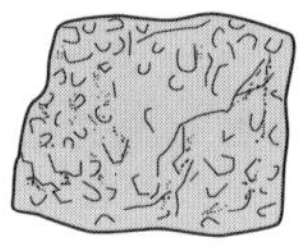	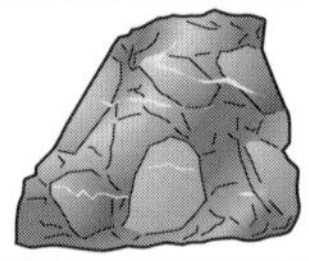	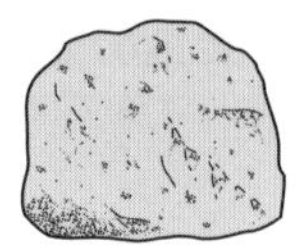
岩石をつくっている粒の大きさは2mm以上であった。	岩石をつくっている粒の大きさは2mm～$\frac{1}{16}$mmであった。	岩石をつくっている粒の大きさは$\frac{1}{16}$mm以下であった。	生物の死がいなどからできていて，うすい塩酸をかけたら気体が発生した。	生物の死がいなどからできていて，うすい塩酸をかけても気体が発生しなかった。	火山灰などが固まってできたもので粒が角ばっていた。

(1) A～Fの岩石を何というか。次のア～カからそれぞれ選び，記号で答えなさい。
A(　　)　B(　　)　C(　　)　D(　　)　E(　　)　F(　　)
ア　石灰岩　　イ　凝灰岩　　ウ　砂岩　　エ　れき岩　　オ　チャート　　カ　泥岩

(2) A～Fの岩石は，堆積物がおし固められたものである。このような岩石を何というか。
(　　　　　)

(3) れき岩，砂岩，泥岩は何によって分けられるか。(　　　　　)

(4) Dにうすい塩酸をかけたときに発生する気体は何か。(　　　　　)

(5) Eをハンマーでたたくと火花が出た。このことから，この岩石はどのような特徴をもつことがわかるか。(　　　　　)

3 下の図1はサンゴの化石，図2は地層が堆積した年代を調べるのに役立つ化石である。これについて，あとの問いに答えなさい。　　　　　　　　　　5点×13〔65点〕

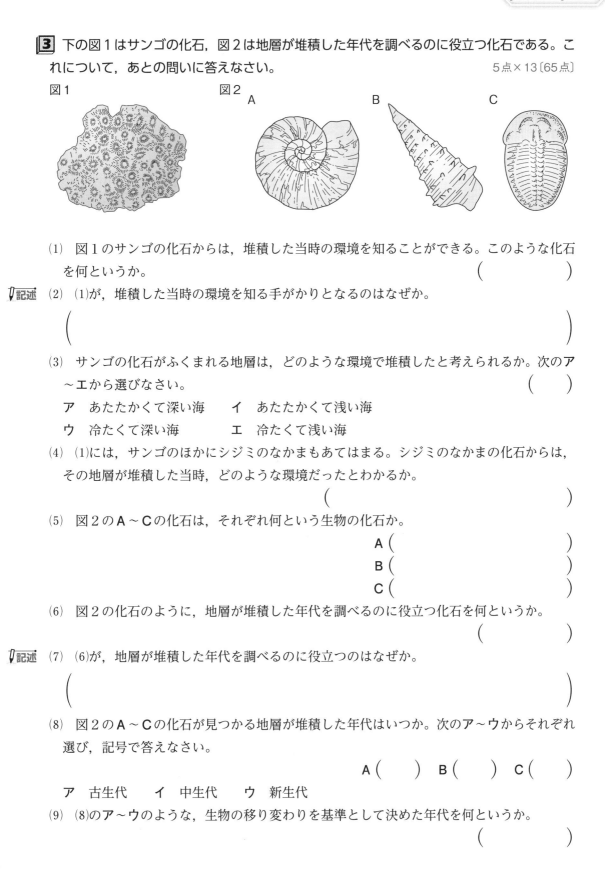

図1　　　　　　　　　　図2　A　　　　　　　　　　B　　　　　　　　C

(1) 図1のサンゴの化石からは，堆積した当時の環境を知ることができる。このような化石を何というか。　　　　　　　　　　　　　　　　　（　　　　　　　　　）

📝記述 (2) (1)が，堆積した当時の環境を知る手がかりとなるのはなぜか。
　（　　　　　　　　　　　　　　　　　　　　　　　　　　　　　　　　　　）

(3) サンゴの化石がふくまれる地層は，どのような環境で堆積したと考えられるか。次のア～エから選びなさい。　　　　　　　　　　　　　　　　　　（　　　）
　ア　あたたかくて深い海　　イ　あたたかくて浅い海
　ウ　冷たくて深い海　　　　エ　冷たくて浅い海

(4) (1)には，サンゴのほかにシジミのなかまもあてはまる。シジミのなかまの化石からは，その地層が堆積した当時，どのような環境だったとわかるか。
　　　　　　　　　　　　　　　（　　　　　　　　　　　　　　）

(5) 図2のA～Cの化石は，それぞれ何という生物の化石か。
　　　　　　　　　　　　　　　　　　　A（　　　　　　　　）
　　　　　　　　　　　　　　　　　　　B（　　　　　　　　）
　　　　　　　　　　　　　　　　　　　C（　　　　　　　　）

(6) 図2の化石のように，地層が堆積した年代を調べるのに役立つ化石を何というか。
　　　　　　　　　　　　　　　　　　　　　　　（　　　　　　　　）

📝記述 (7) (6)が，地層が堆積した年代を調べるのに役立つのはなぜか。
　（　　　　　　　　　　　　　　　　　　　　　　　　　　　　　　　　　　）

(8) 図2のA～Cの化石が見つかる地層が堆積した年代はいつか。次のア～ウからそれぞれ選び，記号で答えなさい。
　　　　　　　　　　　　　　A（　　）　B（　　）　C（　　）
　ア　古生代　　イ　中生代　　ウ　新生代

(9) (8)のア～ウのような，生物の移り変わりを基準として決めた年代を何というか。
　　　　　　　　　　　　　　　　　　　　　　　（　　　　　　　　）

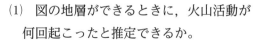

テストに出る！
予想問題　第3章　地層から読みとる大地の変化−②

⏱30分

/100点

1 右の図は，あるがけに見られた地層をスケッチしたものである。これについて，次の問いに答えなさい。　　5点×4〔20点〕

(1) 図の地層ができるときに，火山活動が何回起こったと推定できるか。
（　　　　　）

(2) 図のA〜Fのうち，最も古い時代に堆積したと考えられる層はどれか。記号で答えなさい。（　　　　）

(3) 図のB，D，E，Fのうち，最も海岸近くで堆積したと考えられる層はどれか。記号で答えなさい。
（　　　　）

(4) 図のEの層からナウマンゾウの歯が見つかった。このことから，Eの層ができた年代として適当なものを，次のア〜ウから選び，記号で答えなさい。
（　　　　）

ア　古生代　　イ　中生代　　ウ　新生代

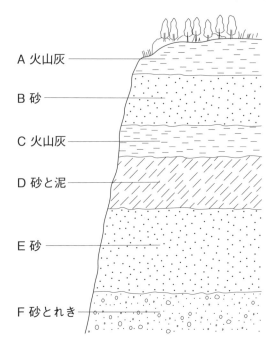

A 火山灰
B 砂
C 火山灰
D 砂と泥
E 砂
F 砂とれき

2 地球上の大地の変動に関する次の文について，下線部が正しければ○を，まちがっていれば，正しい内容を書きなさい。　　5点×6〔30点〕

① ヒマラヤ山脈は，インド大陸が移動して<u>ユーラシア大陸</u>に衝突し，その間にあった海底の地層が盛り上がってできたと考えられている。
（　　　　　　　）

② 日本列島は，海洋プレートが大陸プレートの_a<u>下</u>にしずみこんだところにある。日本列島は東西方向におし縮められるような力がはたらき，海底に堆積した地層は_b<u>沈降</u>して，山地をつくる。
a（　　　　　） b（　　　　　）

③ ヒマラヤ山脈の高い場所で，海の生物の化石が見つかることは<u>ない</u>。
（　　　　　　　）

④ プレートの動きによって，地層は大きく変化することがある。こうした変化のうち，地層をおし縮めるような大きな力がはたらいてできる地層の曲がりを，<u>断層</u>という。
（　　　　　　　）

⑤ プレート運動による力は，<u>地震</u>を起こす原因にもなる。
（　　　　　　　）

3 右の図1，2は，A～Cの3地点の標高と，A，C地点で地層の調査を行った結果を表した柱状図である。A，B地点は南北方向に，B，C地点は東西方向に位置している。この地域の地層では，曲がりは見られず，地層は南北方向に水平であり，黒っぽい鉱物を多くふくむ火山灰の層は1つだけであることがわかっている。これについて，次の問いに答えなさい。

5点×10〔50点〕

(1) 地質の調査で，地下にある地層を採取した試料を何というか。　（　　　　　　　）

図1

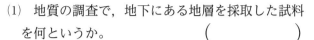

(2) A，C地点で火山灰の層が見られることから，この地域ではかつて何が起こったことがわかるか。　（　　　　　　　）

作図 (3) 右の図2に，B地点の柱状図の続きをかきなさい。

(4) B，C地点では，それぞれ黒っぽい鉱物を多くふくむ火山灰の層の下端は標高何mのところにあるか。　B（　　　　　　　）
　　C（　　　　　　　）

(5) (4)より，地層は東西どちらに向かって傾いていることがわかるか。
　（　　　　　　　）

(6) A地点では，地表からの深さが25m～60mの地層で，れきの層，砂の層，泥の層が見られる。これらの層のうち，最も古い時期に堆積したものはどれか。　（　　　　　　　）

(7) れき，砂，泥を，粒の大きさが小さい順に並べなさい。
　（　　　→　　　→　　　）

(8) (6)，(7)より，A地点で地表からの深さが25m～60mの地層が堆積したときの地形の変化のようすとして考えられるものを，次のア～ウからすべて選びなさい。　（　　　　　　　）

ア　海水面の高さが少しずつ低くなっていった。
イ　海水面の高さが少しずつ高くなっていった。
ウ　海水面の高さは一定であった。

(9) A地点の地層からは，シジミの化石が見つかった。このことから，A地点はかつてどのような場所であったとわかるか。　（　　　　　　　）

図2

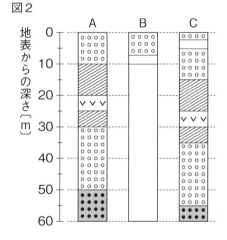

地表からの深さ〔m〕

⊙⊙⊙ 砂の層　　▨ れきの層
●●● 泥の層
□ 黒っぽい鉱物が多い火山灰の層
∨∨∨ 白っぽい鉱物が多い火山灰の層

解答 p.16

巻末特集 教科書で学習した内容の問題を解きましょう。

① 水溶液の濃度 [教]p.109　２つのビーカーＡ，Ｂと水，食塩を用意して食塩水をつくった。これについて，次の問いに答えなさい。

(1)　ビーカーＡには，100gの水と25gの食塩を入れて食塩水をつくった。ビーカーＡの食塩水の質量パーセント濃度は何％か。　(　　　　)

(2)　ビーカーＢには，質量パーセント濃度が10％の食塩水を200gつくった。ビーカーＢに入れた水の量は何ｇか。　(　　　　)

(3)　(2)のあと，ビーカーＢをしばらく置いておいたところ，水が20g蒸発した。食塩の結晶が出てこなかったとすると，食塩水の質量パーセント濃度は何％になったか。小数第１位を四捨五入し，整数で答えなさい。　(　　　　)

② 光の反射 [教]p.151　身長160cmのＡさんは，全身をうつすために必要な鏡の大きさを調べる実験をした。これについて，あとの問いに答えなさい。

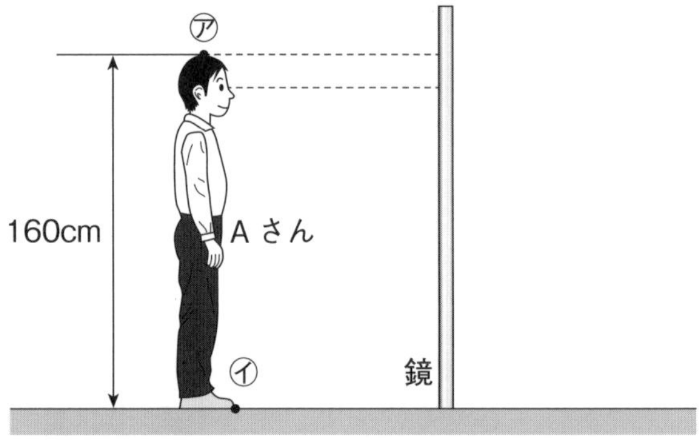

(1)　鏡にうつって見える物体を，もとの物体の何というか。　(　　　　)

[作図] (2)　上の図は，Ａさんと鏡の位置を示したものである。頭の上(点㋐)と足の先(点㋑)から出た光が鏡で反射して，目に届くまでの道筋を，上の図にかきなさい。ただし，作図に必要な線は消さずに残しておくこと。

(3)　全身をうつすには，少なくとも何cmの鏡が必要か。次のア～エから選びなさい。(　　　　)

ア　約40cm　　**イ**　約80cm　　**ウ**　約120cm　　**エ**　約160cm

[記述] **③ 実験操作の注意点** [教]p.9，253　実験の基礎操作について，次の問いに答えなさい。

(1)　燃えやすい液体を試験管にとるとき，どのようなことに注意するか。

(　　　　　　　　　　　　　　　　)

(2)　液体を試験管に入れて加熱するとき，液体は試験管のどのくらいの量を入れるか。

(　　　　　　　　　　　　　　　　)

(3)　実験中に塩酸や石灰水が手についたとき，どうすればよいか。

(　　　　　　　　　　　　　　　　)

中間・期末の攻略本

取りはずして使えます！

解答と解説

東京書籍版　理科1年

単元1　いろいろな生物とその共通点

第1章　生物の観察と分類のしかた
第2章　植物の分類(1)

p.2～p.3　ココが要点

①接眼レンズ　②対物レンズ

㋐接眼レンズ　㋑レボルバー　㋒対物レンズ

㋓しぼり　㋔反射鏡　㋕調節ねじ

③分類

㋖カラス　㋗イヌ　㋘タコ　㋙クジラ

(㋘，㋙は順不同)

④がく　⑤花弁　⑥おしべ　⑦めしべ

㋚がく　㋛花弁　㋜おしべ　㋝めしべ

⑧受粉　⑨果実　⑩種子

㋞胚珠　㋟種子　㋠子房　㋡果実

⑪種子植物

㋢胚珠　㋣花粉のう

⑫裸子植物　⑬被子植物

p.4～p.5　予想問題

[1] (1)ア，イ　(2)ルーペ

[2] (1)㋐レボルバー　㋑接眼レンズ
㋒対物レンズ　㋓反射鏡
(2)ウ→イ→エ→ア
(3)対物レンズがプレパラートにぶつかるのをさけるため。
(4)150倍　(5)ウ
(6)気泡（空気の泡）が入るのを防ぐため。

[3] (1)㋐花弁　㋑めしべ　㋒がく　㋓おしべ
㋔やく　㋕柱頭　㋖子房　㋗胚珠
(2)㋒→㋐→㋓→㋑
(3)㋔　(4)受粉
(5)㋖果実　㋗種子　(6)被子植物

[4] (1)A…雌花　B…雄花
(2)㋓　(3)㋑
(4)裸子植物　(5)ウ
(6)種子植物

解説

[1] (1)生物カードには，スケッチした日付，場所を書き，よくけずった鉛筆を使って細い線・小さい点でスケッチする。観察対象だけをかき，輪郭の線は重ねがきしない。
(2) [ポイント] ルーペは目に近くに持って使い，観察するものが動かせる場合は，観察するものを動かして，よく見える位置をさがす。観察するものが動かせない場合は，顔を前後に動かしてよく見える位置をさがす。

[2] (2)(3)プレパラートをステージにのせたあと，真横から見ながら調節ねじを回して，対物レンズとプレパラートをできるだけ近づける。これは，対物レンズをプレパラートにぶつけないようにするためである。顕微鏡のピントを合わせるときは，対物レンズとプレパラートを遠ざける。
(4) [ポイント] 顕微鏡の倍率
＝接眼レンズの倍率×対物レンズの倍率
よって，15×10=150〔倍〕
(5)(6)プレパラートは，スライドガラスに試料をのせて，その上にカバーガラスをかぶせてつくる。気泡が入らないように，カバーガラスはピンセットではしからゆっくりと下げていく。

[3] (2)花は，外側からがく，花弁，おしべ，めしべの順についている。
(3)花粉は，おしべの先端のやくでつくられる。
(5) [ポイント] 受粉すると，子房は成長して果実になり，胚珠は成長して種子になる。
(6) [参考] 胚珠が子房を被(かぶ)っているので．被子植物という。

[4] (2)花粉は，㋓の花粉のうに入っている。
(3)受粉後，種子になるのは㋑の胚珠である。
(4) [参考] 胚珠がりん片に裸(はだか)でついているので，裸子植物という。
(5)アブラナ，サクラ，ツツジは被子植物である。

p.6～p.7 予想問題

[1] (1)イ (2)ア (3)ア，ウ
[2] (1)㋐接眼レンズ ㋑視度調節リング
㋓対物レンズ ㋕鏡筒
(2)①㋕ ②㋖ (3)立体
[3] (1)㋐がく ㋑花弁 ㋒おしべ ㋓めしべ
(2)㋒ (3)やく (4)㋓ (5)柱頭
(6)受粉 (7)子房
(8)胚珠…種子 (7)の部分…果実
[4] (1)A (2)㋐胚珠 ㋑花粉のう
(3)ウ (4)裸子植物

解説

[1] (1)(2) [ポイント] ルーペは目に近づけて持ち，観察するものが動かせる場合は，観察するものを動かしてピントを合わせる。観察するものが動かせない場合は，顔を前後に動かしてピントを合わせる。
(3)イ…まるい視野はかかない。
エ…輪郭(りんかく)の線をぬりつぶしたり，重ねがきしたりしない。
[2] (1)㋒は微動ねじ，㋔はステージ，㋖は粗動ねじである。
(2)まず，鏡筒の間隔を調節して，左右の視野が重なって1つに見えるようにする。次に，粗動ねじをゆるめて鏡筒を上下させ，両目でおよそのピントを合わせる。次に，右目でのぞきながら，微動ねじを回して右目のピントを合わせる。最後に，左目でのぞきながら，視度調節リングを回して左目のピントを合わせる。
[3] (2)(3)花粉は，おしべの先端のやくでつくられる。
(4)胚珠は，めしべの子房の中にある。
[4] (3)花粉は，㋑の花粉のうの中に入っていて，受粉後，㋐の胚珠が種子になる。
[ミス注意!] マツには子房がないので，果実はできない。

第2章 植物の分類(2)

p.8～p.9 ココが要点

①葉脈 ②単子葉類 ③双子葉類 ④ひげ根
⑤主根 ⑥側根 ⑦胞子のう ⑧胞子
㋐葉 ㋑茎（地下茎） ㋒根 ㋓胞子のう
㋔胞子
⑨コケ植物 ⑩仮根
㋕胞子のう ㋖胞子
㋗コケ植物 ㋘シダ植物 ㋙種子植物
㋚裸子植物 ㋛被子植物 ㋜単子葉類
㋝双子葉類

p.10～p.11 予想問題

[1] (1)子葉
(2)双子葉類
(3)単子葉類
(4)㋑ひげ根 ㋒側根 ㋓主根
(5)葉脈
(6)A，C，F
(7)イ，エ
[2] (1)シダ植物 (2)C
(3)胞子
(4)A
(5)胞子のう (6)イ
[3] (1)コケ植物
(2)A
(3)㋐胞子のう ㋑胞子
(4)仮根
(5)からだを土や岩などに固定するはたらき。
[4] (1)胚珠
(2)裸子植物
(3)ア，ウ
(4)ア，ウ
(5)葉・茎・根の区別があるかどうか。

解説

[1] (1)～(3)被子植物は，子葉が2枚の双子葉類と，子葉が1枚の単子葉類に分類できる。
(6) [ポイント] 双子葉類は2枚の子葉をもち，葉脈は網目状に通り，根は主根と側根からなる。
(7) [ポイント] 単子葉類は1枚の子葉をもち，葉脈は平行に通り，根はひげ根からなる。アのタンポポ，ウのエンドウは双子葉類である。

[2] (2)Aは葉，Bは葉の柄，Cは茎（地下茎），Dは根である。多くのシダ植物の茎は地下や地表近くにある（地下茎）。

(6)ゼニゴケはコケ植物，スギナはシダ植物，スギは裸子植物，スズメノカタビラは被子植物の単子葉類である。

[3] (2)(3)コケ植物の雌株には，胞子ができる胞子のうがついている。

(4)(5)コケ植物の根のように見える仮根は，からだを土や岩に固定するはたらきをしている。

[4] (1)(2)種子植物は，胚珠が子房の中にあるか，むき出しかのちがいから被子植物と裸子植物に分類される。

(3)単子葉類は，葉脈が平行に通り，根はひげ根である。

(4)①は被子植物の双子葉類であるので，タンポポ，サクラである。イチョウは裸子植物（③），イヌワラビはシダ植物，ユリは被子植物の単子葉類（②）である。

第3章　動物の分類

p.12～p.13 ココが要点

①セキツイ動物　②無セキツイ動物
③えら　④肺　⑤卵生　⑥胎生
㋐魚類　㋑両生類　㋒ハチュウ類
㋓鳥類　㋔ホニュウ類
⑦軟体動物　⑧節足動物
⑨甲殻類　⑩昆虫類

p.14～p.15 予想問題

[1] (1)セキツイ動物
(2)①A　②B　③D
(3)区切り…㋓
　Aをふくむ…卵生
　Aをふくまない…胎生
(4)A…魚類　B…両生類　C…ハチュウ類
　D…鳥類　E…ホニュウ類
(5)①B　②E　③C　④D

[2] (1)外とう膜
(2)軟体動物
(3)イ，ウ，カ
(4)外骨格
(5)節足動物
(6)ア，オ
(7)昆虫類
(8)気門
(9)甲殻類
(10)無セキツイ動物

[解説]

[1] (1)(4)背骨をもつ動物をセキツイ動物といい，魚類，両生類，ハチュウ類，鳥類，ホニュウ類の５つのなかまに分けられる。

(2)①魚類は一生，えらで呼吸する。両生類の幼生はえらと皮膚で呼吸し，両生類の成体は肺と皮膚で呼吸する。

②③魚類やハチュウ類の体表はうろこでおおわれている。両生類の体表はうすい皮膚でおおわれ，しめっている。鳥類の体表は羽毛，ホニュウ類の体表は毛でおおわれている。

(3)親が卵をうみ，卵から子がかえるような子のうまれ方を卵生という。ある程度，母親の体内で育ってから子がうまれるうまれ方を胎生とい

う。魚類，両生類，ハチュウ類，鳥類は卵生，ホニュウ類は胎生である。

(5) [ミス注意!] イモリは両生類，ネズミはホニュウ類，カメはハチュウ類，ツルは鳥類である。

[2] (1)(2)図1の㋐のような筋肉でできた膜を外とう膜といい，外とう膜で内臓の部分が包まれている動物のグループを軟体動物という。

(4)(5)カブトムシやカニなどのからだは，殻でおおわれている。この殻を外骨格といい，からだを支えたり，保護したりするはたらきをしている。外骨格でからだをおおわれ，からだやあしに節がある動物のグループを節足動物という。

(7)(8)節足動物のうち，からだが頭部・胸部・腹部の３つに分かれ，胸部にあしが３対（６本）ある動物のグループを昆虫類という。昆虫類は，胸部や腹部にある気門から空気をとり入れて，呼吸をしている。

(9)節足動物のうち，からだが頭胸部・腹部の２つまたは，頭部・胸部・腹部の３つに分かれ，えらや皮膚などで呼吸する動物のグループを甲殻類という。甲殻類のあしの数は昆虫類よりも多く，水中で生活するものが多い。

(10)背骨がない動物を，無セキツイ動物という。無セキツイ動物には，軟体動物，節足動物のほかにも，ウニやヒトデをふくむグループやイソギンチャクをふくむグループ，ミミズをふくむグループなど，さまざまなグループがある。

単元２　身のまわりの物質

第１章　身のまわりの物質とその性質

p.16～p.17　ココが要点

①物体　②物質　③金属光沢　④非金属

⑤質量　⑥密度　⑦メスシリンダー

㋐空気調節ねじ　㋑ガス調節ねじ

⑧ガス調節ねじ　⑨空気調節ねじ

⑩有機物　⑪無機物

p.18～p.19　予想問題

[1] (1)物体　(2)ア，ウ

(3)ア　(4)ア，ウ

(5)非金属

[2] (1)密度…$2.7g/cm^3$

物質…アルミニウム

(2)銅

(3)物質…氷

理由…(氷の方が)水よりも密度が小さいから。

(4)① $15.0cm^3$

② $7.87g/cm^3$

③鉄

[3] (1)㋐空気調節ねじ

㋑ガス調節ねじ

(2)ウ→オ→ア→エ→イ→カ

(3)ア

[4] (1)有機物

(2)炭素

(3)二酸化炭素

(4)A…砂糖　B…食塩　C…デンプン

解説

[1] (1)～(3) [ポイント] 金属は，電気をよく通す性質を共通してもつが，磁石につくのは，金属に共通した性質ではない。

(4)(5)鉄，アルミニウムは金属，ガラス，プラスチックは非金属である。

[2] (1)$\frac{54〔g〕}{20〔cm^3〕}=2.7〔g/cm^3〕$

(2)密度が大きな物質ほど，同じ質量であるときの体積は小さくなる。

(3)液体よりも密度が小さい固体を液体の中に入

れると，固体は液体にうく。水にうくのは水より密度が小さい固体なので，氷とわかる。

(4)①メスシリンダーは水平なところに置く。目の位置は液面と同じにして，液面のいちばん平らなところを読みとる。図のメスシリンダーの液面は65.0cm^3と読みとれるので，金属の体積は，

65.0〔cm^3〕－50.0〔cm^3〕＝15.0〔cm^3〕

② $\frac{118.1〔g〕}{15.0〔cm^3〕}$＝7.873…〔$g/cm^3$〕

3 (2) [ミス注意!] ガスバーナーに火をつけるときは，まずガス調節ねじと空気調節ねじが閉まっていることを確かめて（ウ）から，ガスの元栓を開く（オ）。次に，マッチに火をつけてから（ア），ガス調節ねじを開いて点火し（エ），ガス調節ねじを回して炎の大きさを調節する（イ）。最後に，空気調節ねじを回して炎の色を青色に調節する（カ）。

火を消すときは，まずガス調節ねじをおさえたまま空気調節ねじを閉める。次に，ガス調節ねじを閉めて火を消し，最後にガスの元栓を閉じる。

4 (1)(2) [参考] 砂糖やデンプンのように炭素をふくむ物質を有機物という。ただし，炭素や二酸化炭素も炭素をふくむが，これらは有機物とはいわない。

(3)有機物を熱すると，こげて炭（炭素）ができ，さらに熱すると燃えて二酸化炭素と水ができる。

(4)立方体の形をしているBは食塩，水にとけないCはデンプンである。

第２章　気体の性質

p.20～p.21 ココが要点

①二酸化炭素　②酸素

㋐白くにごる　㋑消える　㋒変化しない

㋓激しく燃える

③水素　④窒素　⑤アンモニア

㋔下げる

⑥リトマス紙　⑦ＢＴＢ溶液

㋕酸素　㋖二酸化炭素　㋗水素

㋘アンモニア

⑧下方置換法　⑨上方置換法　⑩水上置換法

㋙大きい　㋚小さい　㋛下方置換法

㋜上方置換法　㋝水上置換法

p.22～p.23 予想問題

1 (1)A…エ　B…カ

(2)A…イ　B…オ

(3)水上置換法

(4)はじめは，試験管の中の空気が出てくるから。

(5)水にとけにくい性質。

(6)酸素…イ　二酸化炭素…ア

(7)下方置換法

2 (1)㋐窒素　㋑酸素

(2)ア

3 (1)A…ア　B…オ

(2)（空気中で）音を出して燃える。

(3)水

(4)ウ

(5)赤色のリトマス紙が青色に変化した。

(6)アルカリ性

4 (1)㋐水　㋑密度

(2)A…下方置換法　B…上方置換法

(3)オ

解説

1 (1)(2)二酸化マンガンにオキシドール（うすい過酸化水素水）を加えると，酸素が発生する。石灰石や貝がらにうすい塩酸を加えると，二酸化炭素が発生する。

(3)(5) [ポイント] 水上置換法は，水にとけにくい気体を集めるときに用いられる。二酸化炭素は水に少しとけるが，その量は多くないので，水

上置換法で集めることができる。

(6)酸素は物質を燃やすはたらきをもつが，酸素自身は燃えない。二酸化炭素は物質を燃やすはたらきはない。

2 (1)空気中に体積の割合で78％ふくまれているのは窒素，21％ふくまれているのは酸素である。

(2)窒素は，無色無臭で，水にとけにくく，燃えない気体である。

3 (2)(3)水素は燃える気体で，空気中で燃えた後に水ができる。

(4)アンモニアは無色であるが，においがある。また，非常に水にとけやすく，空気よりも密度が小さい。物質を燃やす性質（ア）をもつのは，酸素である。

(5)(6)アンモニアの水溶液はアルカリ性を示し，赤色リトマス紙を青色に変化させる。

（参考）酸性の水溶液は，青色リトマス紙を赤色に変化させる。

（参考）BTB溶液は，水溶液が酸性なら黄色，中性なら緑色，アルカリ性なら青色を示す。

4 (1)(2) **ポイント** 水にとけやすく空気よりも密度が大きい気体は下方置換法，水にとけやすく空気よりも密度が小さい気体は上方置換法，水にとけにくい気体は水上置換法で集める。

(3)Aの下方置換法では二酸化炭素，Bの上方置換法ではアンモニア，Cの水上置換法では酸素，二酸化炭素，窒素，水素が集められる。

第3章　水溶液の性質

p.24〜p.25 ココが要点

㋐透明　㋑同じ（均一）　㋒同じ（均一）
①溶質　②溶媒　③溶液　④ろ過
㋓溶媒　㋔ガラス棒　㋕ろうと　㋖ろ紙
⑤純粋な物質　⑥混合物
⑦濃度　⑧質量パーセント濃度
⑨結晶　⑩飽和水溶液　⑪溶解度
⑫溶解度曲線　⑬再結晶
㋗食塩（塩化ナトリウム）　㋘硝酸カリウム
㋙溶解度曲線　㋚77.6　㋛結晶

p.26〜p.27 予想問題

1 (1)コーヒーシュガー
(2)デンプン
(3)㋓
(4)コーヒーシュガー…ア　デンプン…イ

2 (1)溶質　(2)溶媒
(3)混合物
(4)125g　(5)20％
(6)こさは同じ（均一）である

3 (1)ウ　(2)イ

4 (1)溶解度　(2)ア
(3)硝酸カリウム
(4)8g（7gも可）
(5)再結晶

解説

1 (1)(2)物質が水にとけると，液は透明になる。コーヒーシュガーは水にとけるので，液は透明になるが，デンプンは水にとけないので，液はにごり，やがて底にしずむ。

(4) **ミス注意！** 水にとけたコーヒーシュガーはろ紙を通りぬけ，コーヒーシュガーがとけた液がビーカーに集まる。水にとけていないデンプンはすべてろ紙の上に残るので，ビーカーには何もとけていない水が集まる。

2 (1)(2)砂糖のように液体にとけている物質を溶質，水のように溶質をとかす液体を溶媒，溶質が溶媒にとけた液全体を溶液という。

(3)砂糖水は，砂糖と水の混合物である。

(4)25〔g〕+100〔g〕= 125〔g〕

(5) $\frac{25〔g〕}{125〔g〕} \times 100 = 20$

(6)溶質がすべてとけた後の液体では，どの部分もこさは同じ(均一)になっている。

[3] (1)茶色の角砂糖を水の中に入れると，水が砂糖の粒子と粒子の間に入りこみ，砂糖はくずされて細かくなっていく。その後，砂糖の粒子は水の中で均一になる。このため，はじめはビーカーの下の方がこい茶色になるが，やがて均一のうすい茶色になる。

(2) ポイント 溶液の質量は，溶質の質量と溶媒の質量の和である。

[4] (2)40℃の水100gに硝酸カリウムと塩化ナトリウムは，どちらも30g以上とける。

(3)(4)硝酸カリウムは，10℃の水100gに約22gとける。このため，30〔g〕－22〔g〕＝8〔g〕より，およそ8gが固体となって出てくる。

第4章　物質の姿と状態変化

p.28～p.29　ココが要点

①(物質の)状態変化　②体積　③質量

㋐変化する(減る，小さくなる)

㋑変化する(ふえる，大きくなる)

㋒固体　㋓液体

④密度

⑤沸点　⑥融点

㋔沸点　㋕融点　㋖固体　㋗液体　㋘気体

⑦蒸留

㋙沸騰石　㋚水　㋛エタノール

p.30～p.31　予想問題

[1] (1)状態変化　(2)B

(3)質量は変化しないが，体積が小さくなる。

(4)㋐　(5)イ

[2] (1)A…ア　B…エ　C…イ　D…オ　E…ウ

(2)名称…融点　温度…0℃

(3)名称…沸点　温度…100℃

[3] (1)融点

(2)5分後…ア　10分後…エ

(3)とけている間の温度が一定になっているから。

(4)変わらない。

[4] (1)沸騰石

(2)蒸留

(3)①エタノール

②エタノールは約78℃で沸騰するので，100℃で沸騰する水より先に出てくるから。

(4)㋐

解説

[1] (1)物質が温度によって，固体⇄液体⇄気体と変化することを物質の状態変化という。

(2)液体のロウが固体になると，体積が減るため，ロウの中心がへこむ。

(3) ポイント 物質の状態変化では，体積は変化するが，質量は変化しない。

(5) ミス注意！ いっぱんに，液体から固体に物質が状態変化すると，体積は小さくなる。しかし，水は例外的に，液体の水が固体の氷に状態変化すると，体積が大きくなる。

[2] (1)水は純粋な物質であるので，氷がとけ始めてからとけ終わるまでは，また，沸騰している間は，熱し続けても温度は変化しない。このとき，グラフは水平になり，水の状態変化が起こっている。

(2)(3)水の融点は0℃，沸点は100℃である。水は融点のときに固体から液体へ変わり，沸点のときに液体から気体へ変わる。

[3] (3)固体がとけている間，温度が一定になっていることから，ナフタレンは純粋な物質であることがわかる。

(4) [ミス注意!] 融点や沸点は，物質の種類によって決まっていて，物質の質量には関係しない。

[4] (1)液体をそのまま加熱すると，急に沸騰して液体がふき出すことがある。このようなことを防ぐために，液体の中に沸騰石を入れておく。

(2) [ポイント] 沸点のちがいを利用して，液体を熱して沸騰させ，出てくる蒸気を冷やして再び液体をとり出すことを蒸留という。蒸留では，混合物の液体をそれぞれの物質に分けることができる。

(3)エタノールの沸点は約78℃，水の沸点は100℃であるので，エタノールを多くふくむ気体が先に出てくる。試験管㋐の液体が燃えたことから，このときに出てきた気体にエタノールが多くふくまれていることがわかる。

単元3　身のまわりの現象

第1章　光の世界

p.32～p.33　ココが要点

①光源　②光の直進　③光の反射　④入射角

⑤反射角

㋐入射角　㋑反射角

⑥乱反射　⑦屈折角

㋒屈折角

⑧全反射　⑨焦点　⑩焦点距離　⑪光軸

㋓焦点距離　㋔焦点　㋕光軸

⑫実像

㋖実像　㋗小さい　㋘2倍　㋙同じ

⑬虚像

㋚虚像

p.34～p.35　予想問題

[1] (1)光の直進

(2)光の反射

(3)A…反射角　B…入射角

(4)ア

(5)光の反射の法則

(6)乱反射

[2] ①○　②×　③×　④○

⑤×　⑥○　⑦○　⑧○

[3] (1)入射角…㋐　屈折角…㋒

(2)見えるようになる。

[4] (1)

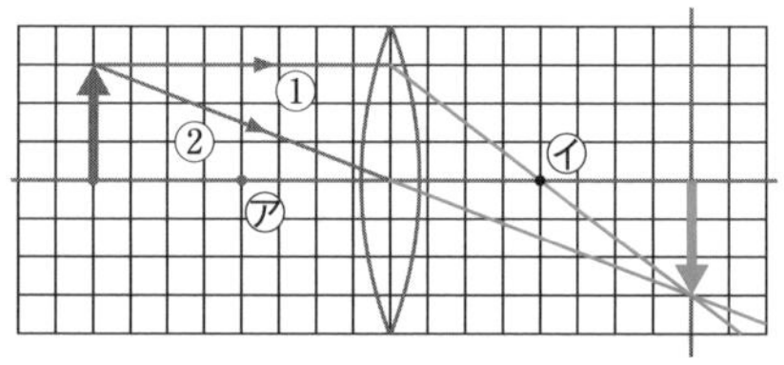

(2)同じ

(3)実像

(4)ウ

(5)ウ

[解説]

[1] (3)入射した光と鏡の面に垂直な線とがつくる角を入射角，反射した光と鏡の面に垂直な線とがつくる角を反射角という。

(4)(5)入射角と反射角が等しくなることを，光の反射の法則という。

[2] ②空気中から透明な物体に光が進むとき，入射角は屈折角より大きくなる。
③⑦入射角と反射角は等しくなる。
④ [ミス注意!] 四角形のガラスを光が通りぬけるとき，ガラスに入る光とガラスから出ていく光は平行になる。

[3] (2) [ポイント] コインから出た光は，水面から空気中に出るときに屈折して，目に届く。そのため，コインはカップの中でうかび上がっているように見える。

[4] (1)光は，凸レンズに入るときと出るときの２回屈折するが，作図するときは，レンズの中央で１回屈折させてかく。
①のように,光軸に平行に凸レンズに入った光は，屈折した後，焦点㋑を通るように進む。②のように，凸レンズの中心を通った光はそのまま直進する。①,②の線の交点が像のできる位置である。なお，物体から㋐の焦点を通って凸レンズに入った光は，屈折した後，光軸に平行に進み，①と②の線の交点を通る。
(2) [ポイント] 凸レンズの焦点距離の２倍の位置に物体を置いたとき，物体の大きさと同じ大きさの実像ができる。
(4)(5) [ミス注意!] 物体を，焦点距離の２倍の位置より凸レンズから遠ざけると，像は小さくなり,像ができる位置は凸レンズに近づく。一方，焦点距離の２倍の位置より凸レンズに近づけると，像は大きくなり，像ができる位置は凸レンズから遠ざかる。

p.36～p.37 予想問題

[1] (1)図１…㋐　図２…㋑
(2)図１…イ　図２…ウ　(3)ウ　(4)エ

[2] (1)㋒　(2)イ

[3] (1)①ウ　②エ　③オ　④カ　⑤カ
(2)⑤　(3)虚像
(4)①ウ　②イ　③ア　④エ　⑤ア
(5)①エ　②エ　③エ　④オ　⑤ウ
(6)下図

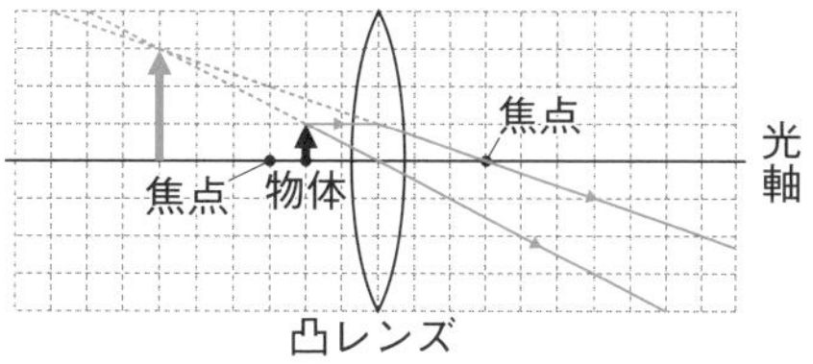

解説

[1] (2)図１のように，空気中から水中へ光が進むとき，入射角は屈折角よりも大きくなる。図２のように，水中から空気中へ光が進むとき，入射角は屈折角よりも小さくなる。
(3)全反射は，ガラスなどの物体や水中から空気中へ光が進むとき，入射角が一定以上大きくなると起こる。
(4)自動車のバックミラーは光の反射，虫眼鏡は光の屈折，光源装置は光の直進である。

[2] (1) [ミス注意!] 観察者の目から水面までの光の道筋を延長した㋒の位置から光が出ているように見える。

[3] (1)～(5)①物体が焦点距離の２倍の位置よりも遠い位置にあるとき…焦点と焦点距離の２倍の位置の間にスクリーンを置くと，上下左右が逆で，物体よりも小さな実像ができる。
②物体が焦点距離の２倍の位置にあるとき…焦点距離の２倍の位置にスクリーンを置くと，上下左右が逆で，物体と同じ大きさの実像ができる。
③物体が焦点距離の２倍の位置と焦点の間にあるとき…焦点距離の２倍の位置よりも遠い位置にスクリーンを置くと，上下左右が逆で，物体よりも大きな実像ができる。
④物体が焦点の位置にあるとき…スクリーンをどこに置いても像ができない。
⑤物体が焦点距離よりも凸レンズに近い位置にあるとき…スクリーンをどこに置いても像ができない。しかし，凸レンズを通して物体の方向を見ると，上下左右が同じ向きで，物体よりも大きな虚像が見える。
(6)物体から凸レンズの中心を通って直進する光と，光軸に平行に進み，焦点を通る光の線をかき，両方の線を物体側にのばした線が交わるところに虚像が見える。

第2章　音の世界

p.38 ～ p.39 ココが**要点**

①音源
㋐波　㋑鼓膜
②モノコード　③オシロスコープ　④振幅
⑤振動数　⑥ヘルツ
㋒振幅　㋓振動数
㋔振幅　㋕振幅
㋖振動数　㋗振動数

p.40 ～ p.41 予想問題

1 (1)鳴る。
　(2)鳴りにくくなる。
　(3)空気
　(4)波

2 (1)聞こえる。
　(2)ア
　(3)聞こえにくくなる。
　(4)空気
　(5)ア，イ，ウ
　(6)850m

3 (1)モノコード
　(2)㋐…a　㋑…d
　(3)強くはじく。
　(4)①短い　②強い　③振動数

4 (1)オシロスコープ　　(2)振幅
　(3)㋒
　(4)㋐　　(5)㋑
　(6)振動のはば(振幅)が最も大きいから。
　(7)㋐
　(8)振動数が最も多いから。

解説

1 (1)Aのおんさを鳴らすと，音の振動が空気を伝わり，Bのおんさが鳴りだす。
　(2)AのおんさとBのおんさの間に板を置くと，音の振動が伝わりにくくなる。そのため，おんさは鳴りにくくなる。
　(3)(4)音はまわりの空気を振動させ，波のように伝わっていく。

2 (1)ブザーの音が容器の中の空気を振動させ，この振動が容器を振動させる。さらに，容器の振動が外の空気を振動させ，耳に伝わる。

(2)(3)容器の中の空気をぬいていき，ブザーの音を伝える空気が少なくなると，音は聞こえにくくなる。
(5) ミス注意！ 音は空気のような気体だけでなく，水などの液体，糸や金属などの固体の中も伝わる。
(6)理科室から花火までの距離は，
　　音の速さ×音が聞こえるまでの時間
で計算できる。
花火が見えてからの2.5秒後に音が聞こえたので，音の速さ＝秒速340mより，
$340 (m/s) × 2.5 (s) = 850 (m)$

3 (2)(4)はじく弦の長さが短いほど，弦の張りが強いほど，はじいたときの振動数が多くなり，高い音が出る。
(3)弦を強くはじくほど，振幅が大きくなり，大きな音が出る。

4 (2)グラフの波の高さは振幅を表し，波の数は振動数と対応する。
(3)音の大きさは波の高さとして示されるので，波の高さが同じ㋒が，Aと同じ大きさの音である。
(4)音の高さは波の数として示されるので，波の数が同じ㋐が，Aと同じ高さの音である。
(5)(6)音の大きさが大きいときほど，波の高さ(振動のはば，振幅)が高く(大きく)なる。
(7)(8)音の高さが高いほど，波の数(振動数)が多くなる。

第３章　力の世界(1)

p.42～p.43　ココが要点

①垂直抗力　②弾性の力（弾性力）
③摩擦力　④重力　⑤磁石の力（磁力）
⑥電気の力
㋐磁石
⑦ニュートン　⑧フックの法則
㋑原点

p.44～p.45　予想問題

[1] (1)㋐，㋑
(2)㋒，㋔
(3)㋓，㋕

[2] (1)垂直抗力　(2)弾性の力（弾性力）
(3)摩擦力　(4)ある。

[3] ばねばかりＡが示す値…３Ｎ
手がばねを引く力の大きさ…３Ｎ

[4] (1)㋐0.2　㋑0.4　㋒0.6　㋓0.8　㋔1.0
(2)下図

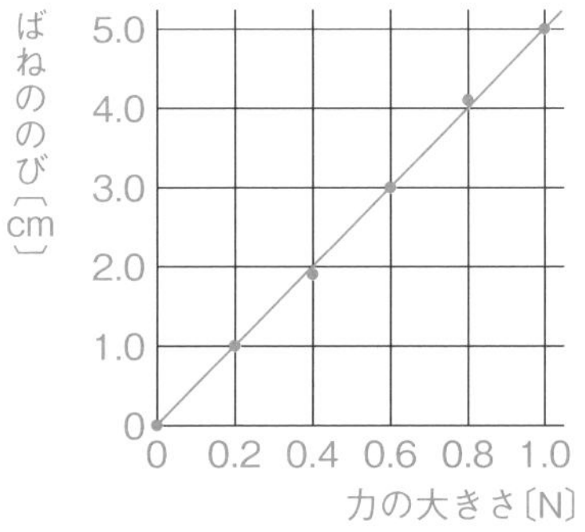

(3)比例の関係　(4)フックの法則
(5)6.0cm　(6)0.7N

解説

[1] 力のはたらきは，物体の形を変える，物体の運動の状態を変える，物体を支える，の３つに分けられる。

[2] (1)地面からの垂直抗力がビルを支えている。
(2) [参考] スポンジのほか，輪ゴムや下じきにも弾性の力（弾性力）がはたらくことがある。
(4) ミス注意! 垂直抗力，弾性の力（弾性力），摩擦力はいずれも物体どうしがふれ合うことではたらく。一方，重力や磁石の力（磁力），電気の力のように，はなれた物体にはたらく力もある。

[3] ばねばかりは，ばねの弾性を利用して力の大きさをはかる道具である。100gの物体にはたらく重力を１Ｎとしたとき，ばねばかりＡに300gの物体をつるすと，ばねばかりＡは３Ｎを示す。このばねばかりＡと同じのびになるようにばねばかりＢを手で引いたとき，手が引く力の大きさは，ばねばかりＡが示す力の大きさと同じになっている。

[4] (1)おもりは１個20gなので，おもり１個につき0.2Nの力がばねにはたらく。
(2)グラフは次の手順でかく。
１．測定値を点で記入する。
２．グラフの形を判断する。
３．測定点が線の上下に均等にちらばるように，原点を通る直線を引く。
(3)(4)ばねののびは，ばねが受ける力の大きさに比例する。この法則を，フックの法則という。
(5)ばねを引く力の大きさが1.0Nのとき，ばねののびは5.0cmであるので，ばねを引く力の大きさが1.2Nのとき（ばねを引く力の大きさが1.2倍になったとき），ばねののびは，

$$5.0〔\mathrm{cm}〕\times\frac{1.2〔\mathrm{N}〕}{1.0〔\mathrm{N}〕}=6.0〔\mathrm{cm}〕$$

力の大きさは何倍になるかを考える。

(6)ばねののびが3.5cmのとき，ばねを引く力の大きさは，

$$1.0〔\mathrm{N}〕\times\frac{3.5〔\mathrm{cm}〕}{5.0〔\mathrm{cm}〕}=0.7〔\mathrm{N}〕$$

のびは何倍になるかを考える。

第3章　力の世界(2)

p.46～p.47　ココが要点

①質量　②作用点　③力の向き　④力の大きさ
㋐大きさ　㋑作用点　㋒向き
㋓垂直抗力　㋔重力
⑤垂直抗力

p48～p.49　予想問題

[1]　0.4N

[2]　(1)A…作用点　B…力の大きさ
C…力の向き

(2)①
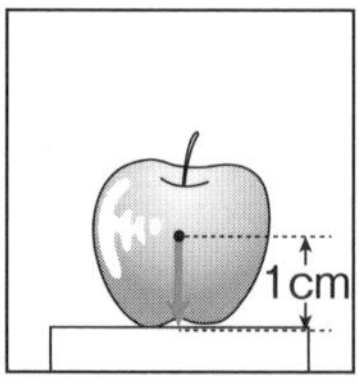

②
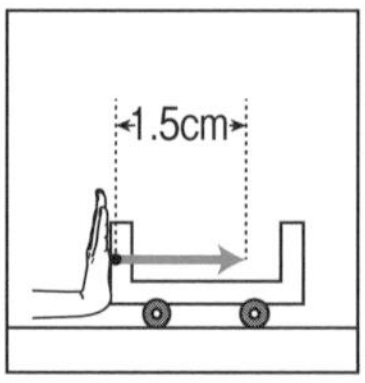

③
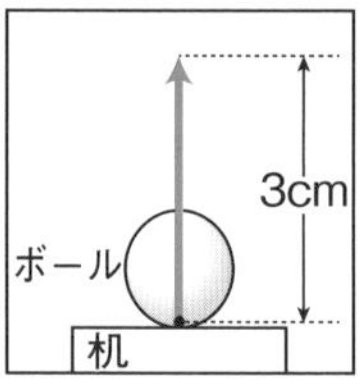

④
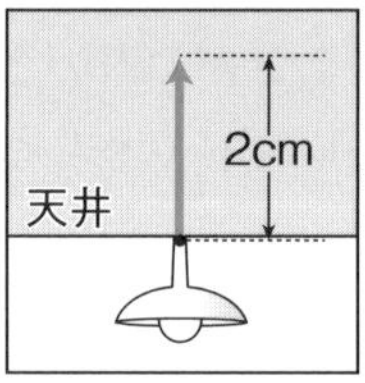

⑤
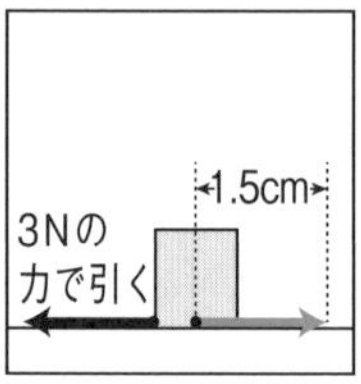

[3]　(1)ア
(2)一直線上 (になっている。)
(3)逆 (反対) 向き (になっている。)

[4]　①×　②○　③×　④○　⑤○
⑥×　⑦×

解説

[1]　240gの物体にはたらく重力の大きさは，地球では2.4Nである。重力の大きさが$\frac{1}{6}$になる月面上では，ばねばかりの示す値も$\frac{1}{6}$になる。よって，

$$2.4〔N〕\times\frac{1}{6}=0.4〔N〕$$

[2]　(1)力は，作用点，力の向き，力の大きさの3つの要素を矢印で表す。力の矢印は，矢印の始点を力のはたらく点 (作用点) にして，矢印の向きを力の向きにし，矢印の長さを力の大きさに比例した長さにする。
(2)①重力は物体全体にはたらいているが，力の矢印は物体の中心から下向きにかく。
④電灯にはたらく重力と天井が電灯を支える力はつり合っているので，天井が支える力は，重力と逆 (反対) 向きに，同じ大きさの力になる。
⑤物体を引く力と摩擦力はつり合っているので，摩擦力は，物体を引く向きと逆 (反対) 向きに同じ大きさの力になる。

[3]　ばねばかりAとばねばかりBを両側に引いて厚紙が静止したことから，厚紙にはたらく2力はつり合っていることがわかる。このとき，2力の大きさは等しく，一直線上にあり，向きは逆 (反対) 向きになっている。ばねばかりAが3Nを示しているため，ばねばかりBも3Nを示す。

[4]　①と③と⑥は，2つの力の大きさは同じだが，一直線上になく，力の向きが逆 (反対) 向きになっていない。そのため，2力はつり合っていない。
⑦は，2つの力が一直線上にあり，向きが逆 (反対) 向きであるが，力の大きさが等しくない。そのため，2力がつり合っていない。

単元4　大地の変化

第1章　火をふく大地

p.50～p.51　ココが要点

①マグマ　②溶岩

㋐強い　㋑弱い　㋒白　㋓黒

③火山噴出物　④鉱物　⑤無色鉱物

⑥有色鉱物

㋔石英　㋕黒雲母

⑦火成岩　⑧火山岩　⑨深成岩　⑩斑状組織

⑪石基　⑫斑晶　⑬等粒状組織

㋖火山　㋗石基　㋘斑晶　㋙斑状

㋚深成　㋛等粒状　㋜玄武岩　㋝花こう岩

⑭ハザードマップ

p.52～p.53　予想問題

[1] (1)マグマ　(2)噴火
(3)C→B→A
(4)C　(5)A　(6)C

[2] (1)マグマ　(2)火成岩
(3)溶岩　(4)火山弾
(5)火山噴出物　(6)火山灰
(7)ハザードマップ

[3] (1)①イ　②エ　③ア
(2)無色鉱物　(3)ア
(4)有色鉱物

[4] (1)図1…等粒状組織　図2…斑状組織
(2)㋐石基　㋑斑晶
(3)図1…地下の深いところ
図2…地表や地表付近
(4)図1…長い時間をかけて，冷え固まった。
図2…短い時間で冷え固まった。
(5)図1…深成岩　図2…火山岩
(6)図1…イ，エ，オ
図2…ア，ウ，カ

解説

[1] (1)(3) [ポイント] マグマのねばりけが強いとCのような盛り上がった形の火山になり，マグマのねばりけが弱いとAのような傾斜がゆるやかな形の火山になることが多い。
(4)マグマのねばりけの強い溶岩は白っぽい色，マグマのねばりけの弱い溶岩は黒っぽい色をしている。
(5)マグマのねばりけが弱いと，火口からはなれたところまで溶岩が流れていく。

[2] (2)マグマが冷えて固まった岩石を火成岩といい，マグマの冷え方によって，火山岩と深成岩に分けられる。
(3)～(5)火山噴出物は，噴火のときにふき出したマグマの一部で，火山弾，火山灰，火山ガス，溶岩などがある。
(6) [参考] 火山灰は，粒が小さいので，風で遠くまで飛ばされやすい。

[3] (2)(4)①，②のように，無色や白っぽい色の鉱物を無色鉱物，③～⑦のように，黒色や暗褐色，暗緑色，緑褐色などの色がついている鉱物を有色鉱物という。
(3)花こう岩，せん緑岩，はんれい岩は深成岩であるが，そのうち，花こう岩は無色鉱物を最も多くふくむので，白っぽい色をしている。

[4] [ポイント] 図1のように，同じくらいの大きさの鉱物からなるつくりを等粒状組織といい，マグマが地下深くで，長い時間をかけて冷え固まった深成岩に見られる。図2のように，比較的大きな㋑の斑晶のまわりをうめるように，㋐の石基がとり囲んでいるようなつくりを斑状組織といい，マグマが地表や地表付近で短い時間で冷え固まった火山岩に見られる。

第2章　動き続ける大地

p.54〜p.55　ココが要点

①震源　②震央
㋐震央　㋑震源
③震度　④初期微動　⑤主要動
⑥初期微動継続時間
㋒初期微動　㋓主要動　㋔初期微動継続
⑦P波　⑧S波　⑨マグニチュード
㋕P波　㋖S波　㋗初期微動継続時間　㋘長く
⑩プレート　⑪断層
㋙大陸　㋚海洋
⑫活断層　⑬内陸型地震
⑭海溝型地震　⑮津波

p.56〜p.57　予想問題

1 (1)震源　　(2)震央　　(3)㋑
　　(4)①震度　②10　③マグニチュード
　　　④広
2 (1)X…初期微動　　Y…主要動
　　　a…P波　　　b…S波
　　(2)aの波(P波)とbの波(S波)の伝わる速
　　　さが異なるため。
　　(3)初期微動継続時間
　　(4)a…8km　　b…4km
　　(5)D→B→C
3 (1)海溝　　(2)a
　　(3)Q　　(4)Y
　　(5)太平洋側　　(6)4つ
　　(7)活断層
4 (1)①大陸プレート　②海洋プレート
　　　③はね上がり
　　(2)海溝型地震　　(3)断層
　　(4)津波

解説

1 (1)(2)地震が発生した場所を震源，震源の真上
の地点を震央という。
(4)地震によるゆれの大きさは，震度で表される。
震度には0〜7があり，数値が大きいほどゆれ
が大きい。また，5と6には弱・強があり，合
計10段階に分かれている。地震のエネルギー
の大きさ(地震の規模)は，マグニチュード(記
号：M)で表される。

2 (1) ポイント はじめに記録される小さなゆれ
を初期微動，その後に記録される大きなゆれを
主要動という。初期微動を伝える波をP波，主
要動を伝える波をS波という。
(2) ミス注意！ P波とS波は同時に発生するが，
P波の方が伝わる速さが速いので，到着時刻に
差が生じる。
(4)a…$\frac{40〔km〕}{5〔秒〕}=8〔km/秒〕$

　　b…$\frac{40〔km〕}{10〔秒〕}=4〔km/秒〕$

(5)初期微動継続時間は，震源からはなれるほど
長くなる。よって，初期微動継続時間がいちば
ん長いCが最も震源からはなれている。

3 (4)海溝付近では，プレートどうしがぶつかっ
ているので，地震が起こりやすい。
(5) ポイント 海洋プレートと大陸プレートの境
界で起こる地震では，海洋プレートが日本列島
の地下深くへしずみこむので，震源は太平洋側
では浅く，日本列島の下に向かって深くなって
いる。
(6)日本列島付近には，ユーラシアプレート，北
アメリカプレート，太平洋プレート，フィリピ
ン海プレートの4つのプレートがある。

4 (1) ポイント プレートの境界では，海洋プ
レートが大陸プレートの下にしずみこむとき
に，大陸プレートをいっしょに引きずりこんで
いる。このため,大陸プレートにひずみが生じ，
このひずみが限界に達すると，大陸プレートの
先端部がもとにもどろうとして急激にはね上が
る。このときに，大きな地震が起こる。
(2)日本列島の地震には，海洋プレートと大陸プ
レートの境界で起こる海溝型地震と，日本列島
の地下の浅い場所で起こる内陸型地震がある。
(3)地下の岩盤に力が加わり続けると，岩盤が破
壊されてずれが生じる。このずれを断層といい，
断層ができるときに地震が発生する。
(4)震源が海底にある場合，海底の地形が急激に
変化すると，津波が発生することがある。

第３章　地層から読みとる大地の変化

p.58～p.59　ココが要点

①地層　②風化　③侵食　④運搬　⑤堆積
㋐運搬　㋑堆積
⑥堆積岩
㋒凝灰岩　㋓チャート　㋔気体（二酸化炭素）
⑦凝灰岩　⑧示相化石　⑨示準化石
⑩しゅう曲　⑪柱状図

p.60～p.61　予想問題

[1] (1)①A…風化　B…運搬
②（平野や海岸などの）水の流れがゆるやかな場所。
(2)㋒
(3)粒が小さいものほど，流れる水のはたらきによって沖に運ばれやすいから。

[2] (1)A…エ　B…ウ　C…カ
D…ア　E…オ　F…イ
(2)堆積岩
(3)粒の大きさ
(4)二酸化炭素
(5)とてもかたい。

[3] (1)示相化石
(2)その生物が限られた環境にしかすめなかったから。
(3)イ
(4)河口や湖
(5)A…アンモナイト　B…ビカリア
C…サンヨウチュウ
(6)示準化石
(7)その生物がある時期にだけ栄え，広い範囲にすんでいたから。
(8)A…イ　B…ウ　C…ア
(9)地質年代

解説

[1] (1)かたい岩石が気温の変化や風雨のはたらきによってもろくなることを風化という。また，川などの水の流れが，侵食された土砂を下流に運ぶはたらきを運搬という。
(2)(3)粒の小さい泥は，流れのおだやかな沖に堆積する。

[2] (1)～(3)れきでできた堆積岩をれき岩，砂でできた堆積岩を砂岩，泥でできた堆積岩を泥岩という。れきは粒の大きさが２mm以上，砂は粒の大きさが２mm～$\frac{1}{16}$（約0.06）mm，泥は粒の大きさが$\frac{1}{16}$（約0.06）mm以下である。
(4) [参考] 石灰岩は，主に炭酸カルシウムという，貝殻やサンゴの骨格の主成分である物質からできている。炭酸カルシウムがうすい塩酸と反応すると，二酸化炭素が発生する。
(5)チャートはとてもかたく，鉄のハンマーでたたくと割れずに火花が出る。

[3] (1)～(3) [ポイント] サンゴはあたたかくて浅い海にしかすめないため，この地層が堆積した当時の環境を知ることができる。サンゴのような化石を示相化石という。
(6)～(8) [ポイント] 示準化石は，ある時期にだけ栄え，広い範囲にすんでいた生物の化石である。示準化石を手がかりに，その地層が堆積した年代を知ることができる。
(9)地質年代は，生物の移り変わりをもとに決められていて，古いものから順に，古生代，中生代，新生代に分けられている。

p.62～p.63　予想問題

[1] (1)２回　(2)F　(3)F　(4)ウ
[2] ①○　②a…○　b…隆起　③ある
④しゅう曲　⑤○
[3] (1)ボーリング試料　(2)火山の噴火
(3)
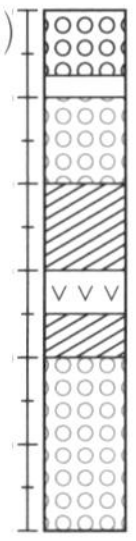
(4)B…100m　C…115m
(5)西
(6)泥の層　(7)泥→砂→れき
(8)ア　(9)河口や湖

解説

[1] (1)図の地層には，火山灰の層が２つあることから２回火山活動があったと推定できる。

(2)地層は，下の層ほど古い時代に堆積したものである。
(3)粒が大きいれきは，海岸近くで堆積する。
(4)ナウマンゾウは，新生代の示準化石である。

[2] ①〜③プレートどうしがぶつかり合うと，海底に堆積した地層が隆起して山地をつくることがある。そのため，標高の高い場所でも海にすんでいた生物の化石が見つかることがある。プレートの動きは1年で数cm〜数十cmと小さいが，長い時間をかけて移動を続けることで，地形を大きく変化させる。

[3] (3)黒っぽい鉱物を多くふくむ火山灰の層が1つだけなので，B地点の地表から10m付近と，C地点の地表から5m付近の地層が同じと考えられる。よって，C地点の地表から5mより深い部分の地層を，B地点の地表から10mより深い部分にかけばよい。
(4)(5)B地点は標高が110mなので，黒っぽい鉱物を多くふくむ火山灰の層の下端の標高は，
110〔m〕−10〔m〕=100〔m〕
C地点は標高が120mなので，
120〔m〕−5〔m〕=115〔m〕
よって，西にあるB地点の方が低くなっている。
(6)〜(8) [ポイント] 深いところに堆積する粒の小さい泥の層が古い時期に，浅いところに堆積する粒の大きいれきの層が新しい時期に積もったことから，海の深さが浅くなっていったことがわかる。

巻末特集

p.64

[1] (1)20%　(2)180g　(3)11%

[解説] (1)$\dfrac{25〔g〕}{25〔g〕+100〔g〕}\times 100=20$

(2)とかした食塩の量は，$200〔g〕\times\dfrac{10}{100}=20〔g〕$なので，水の量は，200〔g〕−20〔g〕=180〔g〕
(3)水が20g蒸発したので，食塩水の量は180gとなる。食塩の量は20gのままだから，質量パーセント濃度は，$\dfrac{20〔g〕}{180〔g〕}\times 100=11.1\cdots$
より11%となる。

[2] (1)像　(2)下図　(3)イ

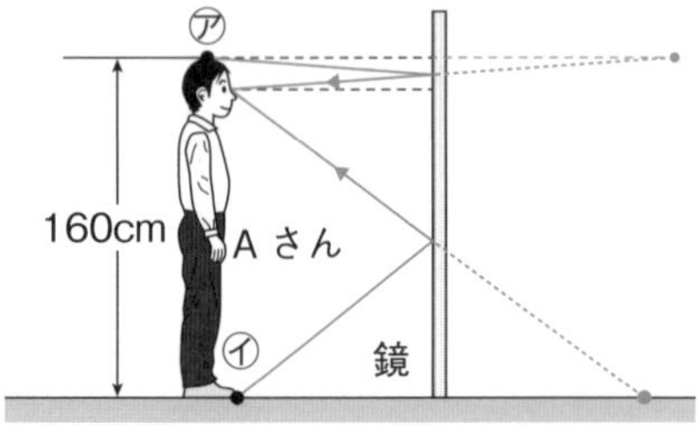

[解説] (2)Aさんから，鏡をはさんだ対称の位置に像が見える。点㋐，㋑の像の位置を示し，それぞれの点からまっすぐに目に向かって線で結ぶ。その線と鏡との交点を，それぞれ点㋐，㋑と結ぶことで作図できる。
(3)全身をうつすためには，少なくとも身長の半分の長さの鏡があればよい。

[3] (1)（引火するので）火のそばに置かない。
(2)試験管の$\dfrac{1}{5}$〜$\dfrac{1}{4}$くらいまで入れる。
(3)すぐに多量の水で洗い流す。

[解説] (1)アルコールなどの燃えやすい液体を扱うときは，火のそばでは作業しないようにする。
(2)液を多く入れすぎると，試験管からあふれるおそれがある。また，沸騰石を入れておくことも大切である。
(3)酸性やアルカリ性の液体は危険なので，手についたらすぐに多量の水で洗い流す。

6 5 4 3
D C B A